Brian Harpur

HALLEYS KOMET

Brian Harpur

HALLEYS KOMET

Das offizielle Buch
der ›Halley's Comet Society‹

Aus dem Englischen
von Manfred Gaida und Martin Miller
Für die deutsche Ausgabe
bearbeitet von Joachim Herrmann

Wolfgang Krüger Verlag

Die Bildleiste auf dem Einband zeigt folgende Kometendarstellungen
(von hinten nach vorn):
Der Halleysche Komet 1066 auf dem Teppich von Bayeux
Der Komet von 1556 über Konstantinopel (Nürnberger Einblattdruck)
Der Komet von 1577 über Nürnberg (kolorierter zeitgenössischer Holzschnitt)
Der Komet von 1577 über Prag (Darstellung von Peter Codicillus)
Der Halleysche Komet 1835 (Darstellung auf einem französischen Flugblatt)
Der Halleysche Komet 1759, gemalt von Samuel Scott

Titel der englischen Originalausgabe »The Official Halley's Comet Book«.
Erschienen 1985 im Verlag Hodder & Stoughton, London
Copyright © 1985 Brian Harpur; © der deutschen Ausgabe:
1985 S. Fischer Verlag GmH, Frankfurt am Main
Lektorat: Ulrich Ernst Huse
Umschlaggestaltung: Manfred Walch, Frankfurt am Main,
unter Verwendung einer kolorierten Schwarzweiß-Aufnahme
des Halleyschen Kometen vom 25. Mai 1910,
erhalten am Helwan Observatorium, Ägypten
Satz: Fotosatz Otto Gutfreund, Darmstadt
Lithographie: Industriedienst Reproduktion, Wiesbaden
Druck und Bindung: Spiegel Buch GmbH, Ulm
ISBN 3-8105-0820-9

Inhalt

Vorwort

Als ich zehn Jahre alt war, begann ich mich für Halley und seinen Kometen zu interessieren. Ich las damals, 1928, ein Buch des Königlich Irischen Astronomen Robert Ball aus dem späten 19. Jahrhundert mit dem Titel *The Story of the Heavens (Die Darstellung des gestirnten Himmels)* und fand dort eine für mich fast unglaubliche Geschichte eines Vagabunden zwischen den Planeten, der uns, aus den eisigen Tiefen des äußeren Sonnensystems kommend, alle 75–78 Jahre einen kurzen Besuch abstattet – und dies nachgewiesenermaßen schon seit dem Jahre 240 v. Chr. Doch konnte nachgerechnet werden, daß es diesen Besucher schon mindestens 1000 Jahre vor diesem Datum gegeben haben muß. Der Takt dieses gewaltigen »Metronoms des Himmels« ist dank Edmond Halley genau vorhersagbar und erinnert uns jedesmal an die mysteriöse Ordnung des Universums und die uhrwerkgleiche Präzision seiner Rhythmen.

Für mich ist es ein ehrfurchtsvoller, aber auch aufregender Gedanke, daß wir vom Spätherbst 1985 bis zum Frühling 1986 die günstige Möglichkeit haben, denselben Kometen zu beobachten, den schon die chinesischen Astronomen vor Christi Geburt sahen, ebenso Kaiser Nero, der Hunnenkönig Attila, der Prophet Mohammed, Wilhelm der Eroberer und der unglückliche König Harold, Dschinghis Khan, Shakespeare, Schiller und Tennyson. In mancher Hinsicht kann man eine ähnliche Empfindung haben, wenn man das tägliche Erscheinen der Sonne und des Mondes beobachtet, aber niemals ist sie so ausgeprägt wie bei einem Ereignis, an dem die meisten Menschen nur einmal in ihrem Leben Anteil haben.

Am 4. August 1975 ließ ich deshalb die »Halley's Comet Society« und die »Halley's Comet Ltd.« registrieren. Für die erstgenannte Gesellschaft gewann ich eine Vielzahl von Gründungsmitgliedern durch persönliche Einladungen und das Versprechen, keine Satzung, keine Komitees und kein Zeitschriftenabonnement einzuführen. Die einzige Verpflichtung für die männlichen Mitglieder sollte die Anschaffung einer Krawatte sein, die unser spezielles »1986«-Symbol zeigt, das ich mit der »9« in Form eines Kometen entwarf. Außerdem sollten alle den Namen Halley wie »Hawley« [hɔːli] aussprechen. Mimi, meine Frau, entwarf eine Plakette für die Frauen. Die »Halley's Comet Ltd.« übernahm das »1986«-Symbol und registrierte es als Warenzeichen für eine Reihe von Produkten. Ich beabsichtigte dabei, mein archiviertes Material über den Kometen und meine Marketing-Kenntnisse zu nutzen, um das »1986«-Symbol für alle Handelsprodukte zu lizenzieren, die mit der Rückkehr des Kometen in Verbindung gebracht werden. Wenn meine Unkosten (hoffentlich) gedeckt sind, werde ich den Gewinn der Stiftung des Herzogs von Edinburgh und dem Fond des Vereins der »Heiligen und Sünder« von London zur Verfügung stellen, mit der Maßgabe, die Gelder karitativen Einrichtungen zukommen zu lassen.

Mit der unschätzbaren Hilfe meines jüngsten Sohnes James, der die langwierigen Nachforschungen unternahm, stellten wir dieses Buch zusammen, das nicht nur als offizieller Führer für die Mitglieder der Gesellschaft dienen, sondern allen Interessierten Wissenswertes, Erstaunliches und Amüsantes über Halleys Kometen vermitteln soll.

Ich bin nicht nur James zu großem Dank verpflichtet, dessen Literaturstudium die Grundlage für den historischen Teil dieses Buches bildete, sondern auch meiner Frau, die das Manuskript tippte und meine schlechte Handschrift in eine leserliche Form brachte. Ich möchte ebenso Mrs. Overland, meiner früheren Sekretärin, danken, die über Jahre hinweg Aufzeichnungen machte und sorgfältig verwahrte. Mit besonderem Dank verbinden James und ich die Hilfe und das Engagement von Dr. Patrick Moore und Colin Ronan, die uns seit der Gründung unserer Gesellschaft unterstützten. Colin Ronans wunderschönes Buch *Edmond Halley: Genius in Eclipse (Edmond Halley: Das Genie im Dunkeln)* sollte von jedermann gelesen werden, ebenso Nigel Calders Buch *The Comet is Coming (Das Geheimnis der Kometen)* und *The Return of Halley's Comet (Die Rückkehr des Halleyschen Kometen)* von Patrick Moore und John Mason. Diese drei Werke waren für uns eine ausgezeichnete Grundlage. Ich möchte Patrick Moore ferner dafür danken, daß er dieses Buch im Fahnenstadium durchgeschaut und uns mit der ihm eigenen Sorgfalt eine Reihe hilfreicher Hinweise gegeben hat. In Colin Ronans Buch war die Anmerkung zu finden, daß Halley möglicherweise seinen Namen wie »Hawley« ausgesprochen hat. Dies veranlaßte auch die Gesellschaft, ihre Mitglieder zu bitten, diesen Namen einheitlich so auszusprechen.

Ebenso danken wir Miss Ruth Freitag von der Kongreß-Bibliothek in Washington, D.C.; sie stellte uns Informationen zur Verfügung und unterstützte uns auf vielfältige Weise (ohne ihre vielen hundert Literaturhinweise wäre dieses Buch nie zustande gekommen). Ferner gilt unser Dank Dr. Robert S. Harrington vom U.S. Marine Observatorium in Washington, D.C., Joseph M. Laufer, dem Präsidenten der »Halley's Comet Watch 1986« in New Jersey, Mrs. Liz Moore von den *Illustrated London News* (Bildarchiv), den Mitarbeitern des »Public Records Office«, einem öffentlich zugänglichen Archiv in London, Peter Hingley, Bibliothekar der Königlich-Astronomischen Gesellschaft, Robin Gorman, Vorsitzender des Organisationskomitees der Nationalen Astronomischen Woche, die Anfang November 1985 stattfinden wird, Michael Dawes von der »Taylor & Francis Ltd.« für die freundliche Erlaubnis, Passagen aus E.F. MacPikes *Correspondence and Papers of Edmond Halley (Korrespondenz und Aufzeichnungen Edmond Halleys*, 1937) zu zitieren, Dr. Kiang vom Dunsink-Observatorium in Dublin, Martin Freeth von der BBC, Produzent der Sendung *The Comet is coming* vom Mai 1981, Dr. David Hughes von der Universität Sheffield, Dr. Stuart Malin und Carole Stott von der Königlichen Sternwarte Greenwich, Professor Obayashi vom Institut für Raumfahrt und Weltraumwissenschaften in Japan, Izumi Nakanishi von der »Dentsu Inc.«, Captain Harry Home Cook, Ehrenmitglied der »Halley's Comet Society«, Professor Fred Whipple vom »Smithsonian Institute«, Dr. Donald K. Yeomans vom Jet Propulsion Laboratorium in Pasadena, Kalifornien, Christopher Walker vom Britischen Museum, Dr. Richard Stephenson von der Durham-Universität, Dr. David Whitehouse vom Mullard Raumfahrt-Laboratorium, Dr. Zarnecki von der Universität Kent und besonders dem Königlichen Astronomen Professor Graham Smith, Jodrell Bank, für sein dauerhaftes Interesse und seine Hilfsbereitschaft bei vielen meiner Halley-Projekte.

Ich möchte hier auch auf die großzügige Hilfe von Admiral Sir Raymond Lygo, dem geschäftsführenden Direktor der »British Aerospace«, hinweisen. Ebenso unterstützten mich Mr. Hugh Metcalfe, Chef der »Dynamics Group«, Hauptlieferant der ESA-Giotto-Mission, Michael Hird, Terry Bickerton und andere Mitarbeiter der Abteilung für Öffentlichkeitsarbeit in der »Dynamics Group« sowie Hugh Manning und Hugh Mooney, die alle Angaben in Verbindung mit dem Giotto-Projekt und der Raumfahrt im allgemeinen überprüft haben.

Miss Philippa Toomey las die erste Korrektur zu diesem Buch, wofür ich mich herzlich bedanken möchte. Nicht zuletzt danke ich auch meinem Freund Laurence Cotterell, der Teile des Kapitels *Bizarres und wenig Bekanntes zu Halleys Komet* zusammengestellt hat. Seine Begeisterung für Halleys Komet und sein Wissen halfen mir bei der Veröffentlichung des Buches; großzügige Unterstützung erhielt ich ferner durch Ion Trewin von meinem britischen Verlag Hodder & Stoughton.

Brian Harpur

Einleitung

»Einmal im Leben...« ist eine nicht selten benutzte Floskel. Aber es gibt ein Ereignis, das alle 75–78 Jahre nur einmal vorkommt, das weltweit beobachtet wird, etwa sechs Monate andauert, schon Jahre früher vorhergesagt werden kann, die Phantasie anregt, mit allerlei Geschichten und viel Aufregung umgeben ist und mit Prophezeiungen wie Seuchen, Katastrophen, Krankheiten und sogar dem Untergang der Welt verbunden ist: Es ist dies die Wiederkehr des wohl weltweit berühmtesten Kometen, der nach einem großen, aber wenig bekannten Engländer namens Edmond Halley benannt ist.

Dieser Komet ist mit dem bloßen Auge oder mit Hilfe eines Feldstechers vom Spätherbst 1985 bis zum Frühjahr 1986 sichtbar. Er wird dann unseren Himmel wieder verlassen, auf seiner weit ausgestreckten Bahn bis zum Rande unseres Planetensystems gelangen (um das Jahr 2024) und von der Erde sehr lange Zeit nicht mehr sichtbar sein (schon gar nicht mit dem bloßen Auge), bevor er im Jahre 2061 ins innere Sonnensystem zurückkehrt.

»Halleys Komet. Das offizielle Buch der Halley's Comet Society« enthält in allgemein verständlicher Form alles Wissenswerte über Edmond Halley und seinen Kometen. Es versucht den Leser vollständig über Tatsachen, Mythen und Legenden zu informieren, die jede Erscheinung umgaben, seit dieser Komet zum ersten (nachgewiesenen) Mal im Jahre 240 v. Chr. beobachtet wurde.

Es führt ferner historisch bedeutsame Ereignisse auf, von denen uns um die Zeit der Kometenerscheinung Überlieferungen vorliegen. So wird zum Beispiel berichtet, daß er im Jahre 66 n. Chr. wie ein Krummsäbel über Jerusalem schwebte und die Einnahme der Heiligen Stadt durch die Armee des römischen Kaisers Valentinian I. ankündigte. Er kann ferner mit dem historisch am besten belegten Datum der frühen englischen Geschichte in Verbindung gebracht werden: der Eroberung Englands durch die Normannen im Jahre 1066. Wilhelm der Eroberer sah in dem Kometen ein günstiges Omen, das ihm sagte, dort sei ein Reich, das auf einen Herrscher warte; König Harold hingegen erblickte – ganz richtig – in dem Kometen ein böses Vorzeichen für die Sicherheit seiner Regentschaft.

Dieses Buch enthält alle wichtigen Informationen über die kommende Erscheinung. Es werden auch die fünf geplanten Raumfahrtmissionen beschrieben, bei denen Sonden nahe am Kometen vorbeifliegen, um herauszufinden, was ein Komet nun in Wirklichkeit ist. Nach der gegenwärtig gültigen Theorie handelt es sich um einen »schmutzigen Schneeball«, der aus gefrorenen Gasen und kosmischem Staub besteht; in Sonnennähe beginnt er zu schmelzen, verdampft und verströmt dabei eine Wolke von Gas- und Staubteilchen. Diese bildet den Kometenschweif, wenn der Komet in Sonnennähe stärker aufgeheizt wird.

Mit Hilfe von Fachleuten habe ich eine ausführliche Übersicht zusammengestellt, die darüber Auskunft gibt, wann, wo und wie der Komet am besten zu sehen ist. So werden zum Beispiel erdgebundene Beobachter die bemerkenswerte Konstellation am 9. Februar 1986 nicht verfolgen können, wenn der Komet den kürzesten Abstand zur Sonne hat (die Astronomen nennen dies »Perihel«), da zu dieser Zeit die Sonne genau zwischen uns und dem Kometen steht. Aber viele Wochen vor und nach diesem Zeitpunkt wird es, günstige Beobachtungsbedingungen vorausgesetzt, möglich sein, ihn mit bloßem Auge oder einem gewöhnlichen Feldstecher von fast allen Teilen der Erde aus zu sehen.

Dieses Buch erzählt ferner die Lebensgeschichte von Edmond Halley, einem bemerkenswerten Mann, der 1742 in einem für die damalige Zeit ungewöhnlich hohen Alter von 86 Jahren starb. Ohne ihn hätte vielleicht Isaac Newton sein Hauptwerk, die *Philosophiae Naturalis Principia Mathematica* (1687), niemals geschrieben. Noch bei seinem Tod wurde Halley nicht mit dem

Kometen in Verbindung gebracht, der ihn später in der ganzen astronomischen Welt bekannt machen sollte.

Ich habe versucht, den Text des Buches mit einer Vielzahl interessanter Hinweise zu versehen, um die wissenschaftliche und historische Bedeutung Edmond Halleys und »seines« Kometen zu zeigen. Wußten Sie zum Beispiel, daß der diesjährige Komet nicht nur einige Monate vor dem Perihel (wie dies 1910 der Fall war) entdeckt wurde, sondern mehr als drei Jahre früher? Dies zeigt, welche gewaltigen Fortschritte die Technik, insbesondere im Teleskopbau, in den vergangenen 75 Jahren gemacht hat.

Kleine Kometenkunde

Kometen werden oft als »Haarsterne« bezeichnet, da sie lange Strahlen leuchtender Materie haben, die wie Haarsträhnen aussehen und vom Kometenkern wegströmen, sobald die Sonnenwärme den gefrorenen »Schneeball« auftaut. Aus mehreren Jahrhunderten liegen Beobachtungen großer Kometen vor, die deutlich den Eindruck wiedergeben, als würden Haare vom Kometen durch den Sonnenwind weggeblasen. Tatsächlich ist die Sonne mit einem mächtigen »Fön« vergleichbar, der warme Ströme ausbläst, mit denen die gefrorenen Locken des Kometen aufgetaut werden, die sich dann zu gebogenen und funkelnden Strahlenkaskaden entfalten, mit Längen von vielen Millionen Kilometern. Von daher haben die Kometen auch ihren Namen. »Komet« leitet sich von dem griechischen Wort »kometes« ab und bedeutet nichts anderes als langhaarig. Das Wort »Perihel«, das die Astronomen für den Zeitpunkt des kürzesten Abstandes zwischen Komet und Sonne benutzen, stammt ebenfalls aus dem Griechischen: »peri« bedeutet nahe und »helios« die Sonne.

Obwohl Kometen durchaus nicht selten sind und es eine große Zahl weniger bekannter Objekte gibt, die uns sporadisch besuchen, glauben doch viele Menschen, daß ein Komet wie ein blendender Blitz quer über den Himmel rase. Sie verwechseln jedoch diese Erscheinung mit einer Sternschnuppe (einem Meteor), die in Wirklichkeit ein kleines Stein- oder Erzkörnchen ist, das hell aufleuchtend verglüht, wenn es auf die oberen Schichten der Erdatmosphäre trifft. Ein Komet dagegen sieht wie ein »haariger« Stern aus und kann über einen Zeitraum von Wochen oder Monaten sichtbar sein.

Bis heute sind etwa 1000 verschiedene Kometen beobachtet worden. Dabei sind neuerdings oft mehr als zehn Neuentdeckungen in jedem Jahr zu verzeichnen, im wesentlichen infolge der Entwicklung immer lichtstärkerer Instrumente, aber auch als Ergebnis der Arbeit einer wachsenden Zahl von Amateurastronomen. Es stellt sich also die Frage, weshalb die Europäer, Japaner und Sowjets mit teuren Raumsonden gerade den Halleyschen Kometen untersuchen wollen, obwohl es doch so viele andere Kometen gibt.

Theoretisch sollten neue Kometen, die am hellsten und aktivsten sind, die besten Untersuchungsexemplare sein, insbesondere solche, die zum ersten Mal zur Sonne gelangen. Soll eine Raumsonde von der Erde auf eine Bahn zum Kometen geschickt werden, müssen zuvor präzise Bahndaten bekannt sein, damit das Ziel auch mit großer Genauigkeit erreicht werden kann. Diese Daten können aber erst dann bestimmt werden, wenn der Komet schon mehrere Umläufe vollendet hat. Leider sind Kometen mit kurzen Umlaufperioden viel lichtschwächer als neue Kometen und bilden auch einen kleineren Schweif aus, da sie weniger Gas und Staub enthalten.

Der Halleysche Komet ist der einzige von den rund 1000 Kometen, die wir kennen, dessen Bahndaten sehr genau bestimmt werden konnten und der immer noch fast ebensoviel Gas und Staub produziert wie ein neuer Komet.

Kometen verbringen die meiste Zeit ihres Lebens in einem tiefgefrorenen Zustand mehrere Billionen Kilometer von der Sonne entfernt. Da man mit solch riesigen Zahlenwerten kaum mehr umgehen kann, benutzen die Astronomen gern ein anderes Entfernungsmaß, die sog. Astronomische Einheit (AE). Eine AE beträgt 149,6 Millionen km und ist gleich der mittleren Entfernung zwischen Erde und Sonne. Kometen sind also etwa 50 000 AE von der Sonne entfernt.

In ihrem gefrorenen Zustand haben die Kometen praktisch die Materie in sich bewahrt, aus der sich das Sonnensystem einst gebildet hat. Ihre chemische Zusammensetzung ist seit ihrer Kondensation zu Kometen vor etwa 4,6 Milliarden Jahren fast unverändert geblieben.

Obwohl die Wissenschaftler noch unsicher sind, was nun genau ein Komet ist, so weiß man doch, daß ein typischer Komet aus drei Teilen besteht: dem Kern, der Koma und dem Schweif.

Der Kern ist das Rätselhafteste am Kometen und kann in vielen Fällen noch nicht einmal direkt gesehen werden. Nach der heute gängigen Meinung besteht er aus einem Konglomerat von Teilchen in einer gefrorenen Substanz und hat einen Durchmesser von nur wenigen Kilometern.

Die Koma bildet den Kopf des Kometen und umgibt den Kern in Form einer ausgedehnten Gashülle. Sie wird durch die Sonnenwärme erzeugt, die den Kern aufschmilzt und eine große Zahl von Staub- und Gasteilchen aus ihm löst. Die Größe der Koma kann sehr unterschiedlich sein. Ihr Durchmesser beträgt häufig mehr als 100 000 km, kann aber auch fast zwei Millionen km erreichen, wie es beim Kometen von 1811 der Fall war.

Das Wort »Koma« ist mit dem Wort »Komet« verwandt. Beide Begriffe leiten sich aus dem griechischen Wort für »Haar« ab. Diese Namensgebung ist sehr alt, da unsere Vorfahren den Kometenschweif als lange Haarsträhnen ansahen. In frühzeitlichen und mittelalterlichen Schriften werden deshalb Kometen oft auch als »Haarsterne« bezeichnet.

Der Schweif eines Kometen kann Längen bis zu vielen Millionen Kilometer erreichen. Der große Komet von 1843 hatte eine Schweiflänge von 320 Millionen km. Allerdings werden nicht bei allen Kometen Schweife beobachtet, und solche, die oft gesehen werden können (kurzperiodische Kometen), zeigen meist keine oder nur geringe Schweifbildung.

Der Schweif entwickelt sich, sobald der Komet in Sonnennähe gelangt. Dabei werden Staubteilchen und ionisierte Gasmoleküle von der Sonnenstrahlung und dem Sonnenwind aus der Koma herausgeblasen und bilden so den Schweif. (Der Sonnenwind ist ein kontinuierlicher Strom atomarer Teilchen, die ständig die Sonne verlassen.) Besteht der Schweif im wesentlichen aus Gasmolekülen, so ist er geradlinig und selbstleuchtend, das heißt, daß die Moleküle Sonnenlicht bestimmter Wellenlängen absorbieren und bei anderen Wellenlängen wieder aussenden. Dagegen ist ein Staubschweif gewöhnlich gekrümmt, und sein Licht ist reflektiertes Sonnenlicht. Manche Kometen haben mehr als einen Schweif. Donatis Komet von 1858 besaß einen spektakulären Staubschweif und gleich zwei Gasschweife, die sehr fein und schnurgerade waren.

Da ein Schweif durch die Sonnenstrahlung und den Sonnenwind geformt wird, zeigt er immer mehr oder weniger genau in die der Sonne entgegengesetzte Richtung. Hat der Komet die Sonne umrundet und entfernt sich wieder vom Zentralgestirn, so schiebt er seinen Schweif vor sich her.

Die Masse eines Kometen ist verhältnismäßig gering. Jedesmal, wenn er die Sonne umläuft, wird er ihrer starken Strahlung ausgesetzt. Dadurch verliert er bei jedem Umlauf einen beträchtlichen Teil seines Materials, so daß er im Vergleich zu anderen Himmelskörpern eine nur kurze Lebensdauer besitzt.

Der Kern, die Koma und auch der Schweif eines Kometen sind von einer riesigen Wasserstoffwolke umgeben, die im sichtbaren Licht nicht gesehen werden kann und bislang nur mit Hilfe von Raumsonden beobachtet worden ist.

Im Weltbild der klassischen griechischen Astronomie, die ihren Höhepunkt mit Ptolemäus (etwa 100–160 n. Chr.) erreichte, bewegen sich die Planeten auf Kreisbahnen. (Die Planetenbahnen sollten deshalb Kreisbahnen sein, weil nach der Vorstellung der Griechen der Kreis die perfekte geometrische Figur ist.) Erst im 17. Jahrhundert konnte Johannes Kepler zeigen, daß sich die Planeten auf elliptischen und nicht auf kreisförmigen Bahnen bewegen. Sir Isaac Newton gelangte, auf Keplers Arbeiten aufbauend, zu der Erkenntnis, daß die Himmelskörper die Sonne aufgrund der gegenseitigen Anziehungskraft umlaufen und dabei Kreis-, Ellipsen-, Parabel- oder Hyperbelbahnen beschreiben können.

Tatsächlich ist die Wahrscheinlichkeit, daß ein Komet eine strenge Kreis- oder Parabelbahn zieht, extrem gering. Fast alle Kometen haben elliptische Bahnen mit verschieden großen Ausdehnungen und Exzentrizitäten. Ist eine Ellipsenbahn sehr weit gestreckt, kann sie nur schwer von einer Parabelbahn unterschieden werden, wenn der Himmelskörper, der sich auf ihr bewegt, nur in Sonnennähe zu beobachten ist. Als Edmond Halley die Bahn des Kometen von 1682 untersuchte, gelangte er in der Tat zunächst zu dem Ergebnis, daß dieser eine Parabelbahn beschreibe. Als er jedoch die Ähnlichkeit dieser Bahn und der des Kometen von 1531 bemerkte, schien ihm eine elliptische Bahn wahrscheinlicher. Je mehr er an dem Problem arbeitete, desto eindeutiger wurde dieses Resultat. Schließlich war es ihm möglich, vorherzusagen, daß der Komet von 1682 im Jahre 1758 zurückkehren werde, womit er recht behalten sollte.

Hat ein Komet eine elliptische Umlaufbahn, wird er so lange zur Sonne zurückkehren, bis er sich aufgelöst hat oder von einem der großen Planeten aus seiner Bahn geworfen wird. Da eine Ellipse, genauso wie ein Kreis, eine geschlossene Figur ist, haben Himmelskörper dieser Bahntypen periodische Umläufe. Dagegen sind Parabeln und Hyperbeln offene Figuren, so daß ein Komet mit einer parabolischen oder hyperbolischen Bahn um die Sonne niemals wieder zurückkehren würde.

Die mathematischen Operationen zur Bahnberechnung eines Kometen sind auch heute noch sehr aufwendig. Die Rechnungen werden dadurch erschwert, daß Kometenbahnen durch den Gravitationseinfluß der großen Planeten Jupiter und Saturn gestört werden können. Dies ist auch der Grund, weshalb der Halleysche Komet bei jedem Lauf um die Sonne eine leicht veränderte Umlaufzeit hat.

Kometen, die immer wieder zur Sonne zurückkehren, werden als »periodische Kometen« bezeichnet. Die Zeit für einen vollständigen Umlauf ist von Komet zu Komet verschieden. Die »kurzperiodischen« Kometen benötigen für einen Umlauf einige Jahre bis mehrere Jahrhunderte, die »langperiodischen« brauchen dafür einige Jahrzehntausende. So wird zum Beispiel der Komet Kohoutek aus dem Jahre 1973 erst in 75 000 Jahren wieder zur Sonne zurückkehren. Andererseits benötigt der Komet Encke nur etwas mehr als drei Jahre, um einmal die Sonne zu umlaufen.

Johannes Kepler erklärte einmal, daß es vermutlich mehr Kometen gebe als Fische im Meer. In der Tat wurden im Laufe der Jahre mehr und mehr Kometen neu entdeckt. Aber woher kommen all diese Kometen? Eine endgültige Antwort darauf gibt es noch nicht, es sind jedoch verschiedene Theorien zur Klärung dieser Frage aufgestellt worden. So ist überlegt worden, ob die Kometen von außerhalb des Sonnensystems stammen, also aus dem Bereich zwischen den Fixsternen. Wenn sie dann zufällig ins innere Sonnensystem gelangen, können sie vom Gravitationsfeld eines großen Planeten, z. B. Jupiter, derart abgelenkt werden, daß sie in eine elliptische Bahn um die Sonne gelangen. Die Kometen wären dann Mitglieder des Sonnensystems geworden. Jedoch glauben die meisten Astronomen nicht, daß Kometen von außerhalb des Sonnensystems kommen.

Eine andere Theorie, die zunächst von dem französischen Astronomen Joseph Lagrange zu Beginn des 19. Jahrhunderts entwickelt wurde, vermutet den Kometenursprung in Auswürfen der großen Planeten; so soll z. B. Jupiter bei gewaltigen Vulkaneruptionen Kometen erzeugen. Einen solchen Vulkan glaubte man in dem Großen Roten Fleck zu erkennen, den man deutlich auf Jupiter beobachten kann. In den 50er Jahren unseres Jahrhunderts zeigte der sowjetische Astronom S. K. Vsekhsvyatsky, daß die Kraft, die gebraucht würde, um Material vom Jupiter ins Weltall zu befördern, viel zu groß ist. Als Alternative schlug er vor, daß die Kometen womöglich von einem der vier großen Jupitermonde ausgeschleudert werden. Jedoch hält man diese Überlegungen heute für äußerst unwahrscheinlich

Die Theorie, der die größte Glaubwürdigkeit eingeräumt wird, ist die der »Oortschen Wolke«. Diese Wolke, benannt nach dem niederländischen Astronomen Jan H. Oort, soll sich zur gleichen Zeit gebildet haben wie auch die Sonne und die Planeten. Sie befindet sich etwa in der 10 000- bis 100 000fachen Entfernung der Erde von der Sonne und enthält viele Millionen oder gar Milliarden Kometen. Diese haben sehr kleine Geschwindigkeiten und laufen auf stabilen, ellipsenförmigen Bahnen, bis ein Stern nahe genug an ihnen vorbeikommt. Dann können die Gravitationsstörungen bei einer solchen Sternbegegnung ausreichen, um den Kometen auf eine Bahn in das Innere des Sonnensystems abzulenken. Nach dem Perihel wird der Komet in sein Ursprungsgebiet zurückkehren, es sei denn, die Anziehungskraft eines Planeten zwingt ihn in eine kurzperiodische Bahn.

Obwohl man den inneren Aufbau eines Kometen noch nicht kennt, gibt es auch dazu mehrere Theorien. Die beiden bevorzugten Modellvorstellungen werden mit den Schlagwörtern »schmutziger Schneeball« und »fliegende Sandwolke« bezeichnet.
Der englische Astronom R. A. Lyttleton favorisiert das Modell der »fliegenden Sandwolke«. In diesem Modell gibt es keinen prinzipiellen Unterschied zwischen dem Kometenkern und der ihn umgebenden Koma. Beide Teile bestehen aus Staubpartikeln, die sich zum Zentrum hin immer mehr konzentrieren, so daß der irreführende Eindruck eines festen Kernes entstehen kann. Nähert sich der Komet der Sonne, läßt die Wechselwirkung des Sonnenwindes mit dem Gas und Staub des Kometen einen Schweif entstehen, der in entgegengesetzter Richtung zur Sonne wegströmt. Je näher der Komet zur Sonne gelangt, um so häufiger stoßen die Staubteilchen zusammen (sie bewegen sich alle unabhängig voneinander) und werden immer feiner zerrieben.
Gegenwärtig bevorzugen die Astronomen jedoch die Theorie des »schmutzigen Schneeballs«, die von dem amerikanischen Astrophysiker F. L. Whipple entwickelt wurde. Dieses Modell geht von der Existenz eines festen Kometenkernes aus. Dieser soll aus Gesteinsstücken bestehen, die in verschiedene eisförmige Substanzen eingebettet sind (wie Wassereis, gefrorenes Ammoniak oder Methan). Gelangt der Komet in Sonnennähe, werden zunächst die leichtflüchtigen Gase auftauen und verdampfen. Damit wird das Material erzeugt, das vom Sonnenwind weggeblasen den Schweif bildet. Dieses Modell vermag jedoch auch nicht alle Fragen zu klären.

Ein Komet wird in der Regel nach seinem Entdecker benannt, in einigen Fällen auch nach der Person, die zum ersten Mal seine Bahn berechnete, wie es bei Halley der Fall war.

Entdecken mehrere Personen denselben Kometen, so erhält der neue Komet den Namen der zwei oder drei Beobachter, die dies zuerst der Internationalen Astronomischen Union melden. Ein Beispiel dafür ist der Komet Tago-Sato-Kosaka, der von drei Japanern entdeckt worden ist.

In einem Jahr werden meist mehrere Kometen neu gefunden. Um die Kometen in solchen Fällen voneinander zu unterscheiden, bekommen sie eine vorläufige Bezeichnung, die mit der Jahreszahl beginnt, an die alphabetisch in der Reihenfolge der Entdeckungen ein kleiner Buchstabe angehängt wird. Werden z. B. 1988 drei Kometen entdeckt, so erhalten sie die Bezeichnungen 1988a, 1988b und 1988c. Nachdem ihre Bahnen genau berechnet sind, erhalten sie als endgültige Bezeichnung neben dem Jahr eine römische Zahl, die zugleich die Reihenfolge des Periheldurchgangs angibt. Der erste, der das Perihel erreicht, wird zu 1988 I, der zweite zu 1988 II und so weiter.

Wir können die Sterne am Himmel deshalb sehen, weil sie selbstleuchtende Körper sind, d. h. sie erzeugen ihr Licht selber. Planeten jedoch reflektieren das Sonnenlicht, sie sind nicht selbstleuchtend.

So wie Planeten strahlen auch Kometen das Sonnenlicht zurück, und je näher sie zur Sonne kommen, um so heller werden sie. Inzwischen ist aber auch bekannt, daß Kometen ein Fluoreszenzleuchten zeigen: Gasmoleküle in der Koma und im Schweif absorbieren Sonnenlicht bei einer bestimmten Wellenlänge und senden es bei einer anderen Wellenlänge wieder aus.

Die wichtigsten Informationen über die chemische Zusammensetzung von Kometen erhält man mit Hilfe spektroskopischer Verfahren. Dabei wird die Farbzusammensetzung des Lichtes von Himmelskörpern gemessen, um herauszufinden, woraus diese Objekte bestehen.

Im Spektrum eines Kometen kann man das reflektierte Sonnenlicht wiederfinden, aber auch das Fluoreszenzleuchten verschiedener Gase wie Methan, Kohlenmonoxid oder Blausäure. Gerade die Kenntnis, daß Blausäure – ein Giftgas – im Kometenschweif vorhanden ist, führte mancherorts zu einer Panik, als der Halleysche Komet 1910 erschien und die Erde seinen Schweif durchquerte. Da die Gasdichte im Schweif jedoch außerordentlich gering ist, gab es nirgendwo die Gefahr einer Vergiftung.

Möglicherweise ist die jetzige Wiederkehr des Halleyschen Kometen auch hinsichtlich seiner zu erwartenden Helligkeit bemerkenswert. Im September 1984 zeigten Teleskopüberwachungen des noch sehr lichtschwachen Kometen deutliche Änderungen seiner Helligkeit. Im selben Monat schrieb mir Fred L. Whipple, der Kometenfachmann vom Astrophysikalischen Observatorium in Cambridge, Massachusetts, einen Brief, in dem er in einer Fußnote bemerkte: »Die Helligkeitsänderungen des noch sehr leuchtschwachen Kometen Halley sind wirklich ein Rätsel. Ich habe zur Zeit dafür noch keine ausreichende Erklärung.«

Es scheint so gut wie sicher zu sein, daß der Halleysche Komet noch einige Überraschungen für uns bereithält, die vielleicht erst dann erklärt werden können, wenn die fünf Raumfahrtmissionen erfolgreich verlaufen.

Forschungsprojekte zu Halleys Komet
1985/86

In der Nacht vom 15. zum 16. Oktober 1982 entdeckte eine Gruppe von Astronomen, die von dem 24 Jahre alten englischen Doktoranden David C. Jewitt geleitet wurde, den Halleyschen Kometen in einer Entfernung von 1,6 Milliarden km. Es ist dies die 30. Rückkehr des Kometen seit der ersten überlieferten Beobachtung im Jahre 240 v. Chr. Die Astronomen versuchten ihn schon seit November 1977 zu sichten, wobei sie eine Spezialausrüstung am großen 5m-Spiegelteleskop auf dem Mount Palomar in Kalifornien benutzten.

Diese Entdeckung bereitete der fieberhaften Hektik zahlreicher Astronomen in aller Welt ein Ende, die ausdauernd ihre Beobachtungen machten, in der Hoffnung, als Wiederentdecker des berühmtesten Kometen in das Buch der astronomischen Geschichte einzugehen. Drei von ihnen hatten schon im Februar 1982 vier Nächte am 2,50m-Teleskop des McDonald-Observatoriums in den USA verbracht, aber trotz großer Anstrengungen entzog sich ihnen der Komet seiner Entdeckung.

Zwei andere, Michael Belton und Harvey Butcher, die während einer Reihe von Beobachtungsperioden über insgesamt sieben Jahre am Kitt Peak National-Observatorium in den USA arbeiteten, hatten wenigstens die Genugtuung, daß sie mit ihrer Vorhersage aufgrund ihrer erfolglosen Messungen recht behielten, der Komet werde erst Ende September oder Anfang Oktober 1982 entdeckt werden. Und sie fanden den Kometen tatsächlich, allerdings erst wenige Tage nach seiner Entdeckung durch Jewitt und seine Gruppe.

Die erste erfolgreiche Fotografie zeigt den Kometen als kleinen, verschwommenen Fleck inmitten von Hunderten hellerer Sterne, und man muß es den Astronomen schon glauben, daß dies der Komet ist, da er sich genau an der Stelle befindet, wo er nach den Vorausberechnungen auch sein muß.

Eine fortlaufende Beobachtung des Halleyschen Kometen ist in vielfacher Weise geplant, und es nehmen daran sowohl Amateure als auch Berufsastronomen teil.

Der unternehmungslustige Amateurastronom Joseph M. Laufer hat eine Beobachtungsorganisation für den Halleyschen Kometen (»Halley's Comet Watch«) gegründet, bei der alle Informationen zu allen Beobachtungen am Kometen gesammelt und in Form einer periodischen Zeitschrift veröffentlicht werden, die zum ersten Mal 1982 erschienen ist. Mr. Laufer aus New Jersey, USA, erklärte damals in einem Interview: »Ich möchte mit Anteil haben an der Aufregung, an diesem historischen Moment in der Geschichte... Dieser Komet bestärkt mich in meinem Glauben... durch die Tatsache, daß es dort draußen im Weltall ein solch wundervolles Objekt gibt, das durch einen natürlichen und vorhersagbaren Vorgang mit der Genauigkeit eines Uhrwerks immer wieder zu uns zurückkehrt. Dies erinnert mich an die Ordnung des Universums, die in so auffallendem Gegensatz zu unserer eher chaotischen Welt steht. Allein für diese Erkenntnis bin ich dankbar.«

Allerdings darf Mr. Laufers erfreuliche Initiative nicht mit der offiziellen internationalen Halley-Beobachterorganisation (»International Halley Watch«) verwechselt werden, in der professionelle Astronomen, ernsthafte Amateurastronomen und staatliche Stellen in der ganzen Welt zusammenarbeiten. Die Zentrale dieser Organisation, bei der alle Beobachtungen koordiniert, gesammelt und ausgewertet werden, ist das Jet Propulsion Laboratorium der NASA in Pasadena, Kalifornien. Die meisten der beteiligten Astronomen und Wissenschaftler arbeiten in Verbindung mit Universitäten, astronomischen Gesellschaften und großen Industrieunternehmen in fast 50 Ländern aller fünf Kontinente. Hier zeigt sich eine in der Geschichte bisher einmalige internationale Zusammenarbeit.

Die Leitung dieser Organisation hat Dr. Donald K. Yeomans von der NASA übernommen. Er ist ein weltbekannter Fachmann für Kometen und bestimmte die Bahn des Halleyschen Kometen bei seiner jetzigen Wiederkehr. Seit der ersten Beobachtung im Oktober 1982, so sagte uns Dr. Yeomans im Juni 1983, waren bis zu diesem Zeitraum nicht weniger als 14 weitere Beobachtungen mit den großen Teleskopen in Arizona, Hawaii, Chile und auf dem Mount Palomar gemacht worden. An dieser Stelle sollte daran erinnert werden, daß die Leistung eines Teleskops von der von der Optik eingefangenen Lichtmenge abhängt. Wird das Licht durch Staub, Dunst oder Luftverschmutzung gestreut und geschwächt, so vermindert sich auch die Leistung. Genauso störend ist das Streulicht der Straßenbeleuchtung unserer Städte. Dies ist der Grund, weshalb große Sternwarten weit weg von störenden Lichtquellen und auf hohen Bergen errichtet werden.

Trotzdem gibt es in Hausgärten und kleinen Sternwarten Tausende von Fernrohren, die von begeisterten Hobby- oder Amateurastronomen benutzt werden und einen wichtigen Anteil beim Zusammentragen astronomischer Daten haben. So wurden viele Kometen von Amateuren entdeckt. Daher übernehmen Amateurastronomen auch wesentliche Aufgaben in dem großen Netz der offiziellen internationalen Halley-Beobachterorganisation.

Auch das Königliche Greenwich-Observatorium, das jetzt in Hurstmonceaux in Sussex, England, zu Hause ist, spielt eine wichtige Rolle. Unter der Leitung dieser Sternwarte wurden in Zusammenarbeit mit der spanischen Regierung drei Teleskope auf der mit etwa 2400 m Höhe größten Erhebung der Kanarischen Insel La Palma erbaut. Zur Sternwarte gehört das computergesteuerte Isaac-Newton-Teleskop, das gegenwärtig drittgrößte der Welt. 1986 wird das etwas größere Wilhelm-Herschel-Teleskop einsatzbereit sein, das einen Durchmesser von 4,3 m hat und in Newcastle-upon-Tyne, England, gebaut worden ist.

Obwohl La Palma 3600 km von der Zentrale in Sussex entfernt ist, werden die britischen Astronomen ihre Beobachtungen praktisch vom Schreibtisch aus durchführen können, ohne das Land verlassen zu müssen. Telefonleitungen erlauben es den Astronomen, das Teleskop per Fernsteuerung zu bewegen, das beobachtete Objekt über einen Fernsehmonitor zu verfolgen und sogar den Wechsel von fotografischen Platten und Filtern vorzunehmen. Insgesamt sind fünf Telefonleitungen verfügbar; sollten sie bei einem zu großen Datenfluß dennoch überlastet sein, können die Informationen auf Magnetband gespeichert und am nächsten Tag auf dem Luftweg nach England gebracht werden. In der Bundesrepublik Deutschland wurde Professor J. Rahe von der Remeis-Sternwarte in Bamberg von der NASA zum »Co-Leader« der »International Halley Watch« ernannt. Seither ist Bamberg eine Art Anlaufstelle in Sachen Halleyscher Komet für deutsche Wissenschaftler und Amateurastronomen. In Bamberg und in Pasadena hat man überdies umfangreiche Datenarchive eingerichtet. Seit 1984 gibt es ein deutschsprachiges *Halley Kometen-Zirkular* und das von der Wilhelm Foerster-Sternwarte in Berlin herausgegebene Handbuch mit dem Titel *Komet-Halley-Beobachtungshilfen.*

Ein noch aufwendigeres Unternehmen planen die Amerikaner für 1986. Sie werden dann das mit etwa 1,2 Milliarden DM teuerste Teleskop der Welt in eine Erdumlaufbahn bringen, wo es fernab jeglicher Störung durch die Erdatmosphäre arbeiten kann. Das Instrument soll mit dem erfolgreichen amerikanischen »Space Shuttle« in den Weltraum befördert werden. Es wird sogar diskutiert, den 46 m langen und 30 Tonnen schweren Zusatztank für Treibstoff in ein Instrument zum Nachweis von Gammaquanten umzuwandeln. Gegenwärtig hat solch ein Tank eine Lebensdauer von weniger als zehn Minuten. Er führt Treibstoff für den Start mit und wird abgeworfen, sobald das »Shuttle« die Grenze der Erdatmosphäre erreicht.

Sollte der Start des Weltraumteleskops gelingen, wird es zum ersten Mal möglich sein, den Kometen überall auf seiner Bahn zu beobachten, selbst dann noch, wenn er in etwa 37 Jahren weit draußen im Sonnensystem den äußersten Bahnpunkt erreicht. Danach kann verfolgt werden, wie er allmählich zur Sonne hin beschleunigt, um uns im Jahre 2061 wieder zu »besuchen«. In gewissem Sinne wird Halleys Erscheinen 1986 historisch sein, da er künftig nicht mehr »wiederentdeckt« werden muß. Doch ist in der weiteren Entwicklung von immer größeren und besseren Teleskopen kein Ende abzusehen.

Die Astronomen rechnen damit, um 1992 das dann größte Spiegelteleskop der Welt benutzen zu können, das auf der Spitze des Mauna Kea stehen wird, eines fast 4800 m hohen erloschenen Vulkans auf Hawaii. Dieses gigantische Projekt, »Keck« genannt (nach der Stiftung, die mehrere Millionen Dollar für seine Realisierung bereitstellte), wird mit einem neuartigen Spiegel-System ausgerüstet sein, das aus einem computergesteuerten Komplex von 36 sechsseitigen Elementen aus Spezialglas besteht. Diese 2 m breiten und 8 cm dicken Elemente sollen so ineinandergreifen und sich synchron bewegen können, daß sie einen Spiegel von fast 11,30 m Durchmesser bilden. Damit hat das Keck-Teleskop den doppelten Durchmesser und die vierfache Lichtaufnahme-Kapazität des Hale-Teleskops auf dem Mount Palomar. Dieses neue Konzept kann viele der Konstruktionsprobleme konventioneller Teleskope meistern helfen und soll die »Grenzen der Sichtbarkeit des Universums um Milliarden von Lichtjahren zurückdrängen« (*Time Magazine* vom 21. Januar 1985). Wenn man sich die astronomische Größe »Lichtjahr« einmal bewußt macht – 300 000 km x 60 Sekunden x 60 Minuten x 24 Stunden x 365 Tage – klingen Howard Kecks Worte sehr vereinfachend, der diese verwirrenden Perspektiven schlicht folgendermaßen formulierte: »Ich habe gehört, daß wir mit dem Teleskop das Licht einer einzelnen Kerze auf dem Mond sehen können.«

Obwohl Kometen schon seit Tausenden von Jahren beobachtet werden, ist nur wenig über sie bekannt, so daß eine Mission zu Halley eine große Herausforderung für die Forschung darstellt, da sie womöglich viele offene Fragen zur Entstehung unseres Sonnensystems beantworten kann und vielleicht auch Überraschungen bringen wird. Dies ist der Grund, weshalb Sir Bernard Lovell, ein bekannter englischer Astronom, einmal sagte: »Giotto – die ESA-Mission – ist eines der aufregendsten Projekte mit zukunftsweisendem Charakter in diesem Jahrzehnt.«

Die Kometenflüge der Sowjets, Japaner und Europäer (innerhalb der »European Space Agency«, der europäischen Weltraumbehörde ESA) werden hoffentlich viele der Rätsel lösen. Am Projekt der ESA sind unter der Führung der »British Aerospace« zehn europäische Nationen beteiligt. Die Sonde, die am 2. Juli 1985 in Kourou (Französisch-Guayana) gestartet wurde, ist nach dem Florentiner Maler Giotto di Bondone benannt. Er sah Halleys Kometen 1301 n. Chr. und malte ihn bei seinen Ausschmückungsarbeiten der Arena-Kapelle in Padua als Stern von Bethlehem. Sein realistisches Bild kann als die erste wissenschaftliche Darstellung des Halleyschen Kometen angesehen werden.

Bei dem Rendezvous im März 1986 wird sich der Komet mit enormer Geschwindigkeit auf die Giotto-Sonde zubewegen. Der Vorbeiflug erfolgt mit einer so großen Relativgeschwindigkeit, daß der Treffer eines mikroskopisch kleinen Teilchens aus dem Kometenkern für Giotto verheerende Auswirkungen mit sich brächte. So könnte z. B. ein Teilchen mit nur einem Zehntel Gramm Gewicht eine 8 cm dicke Aluminiumschicht glatt durchschlagen. Die Sonde benötigt daher einen geeigneten Schutzschild, allerdings nicht in Form eines 8 cm dicken Aluminiumbleches, da sich sonst das Startgewicht um 600 kg vergrößern würde. Eine einfache, aber doch wirksame Konstruktion besteht aus zwei getrennten Platten, die vor dem Raumfahrzeug angebracht sind. Die vorderste Platte ist nur 1 mm dick, die zweite, die sich 25 cm dahinter befindet, etwas dicker. Sollte ein Meteoritenkörnchen die dünne Frontplatte treffen, würde bereits ein beträchtlicher Teil der Energie aufgebracht, um das Teilchen zu zerkleinern und zu verdampfen. Die Partikelwolke träfe dann die zweite Platte auf einer viel größeren Fläche, so daß die Bewegungsenergie besser aufgenommen werden könnte. Dieser so aufgebaute Meteoritenschutz reduziert das Gewicht des Schutzschildes auf nur 60 kg.

Im Juni 1984 untersuchten fünf englische Astronomen die Staubverteilung um den Kometenkern. Ihr Beobachtungsort lag in 2400 m Höhe auf einem Vulkanberg auf Teneriffa. Sie erzielten von dort ausgezeichnete Ergebnisse bei einem außergewöhnlich klaren Himmel. Das Ziel des Unternehmens war es, festzustel-

len, welche Überlebenschance die Giotto-Sonde bei ihrer gefähr-
lichen Reise hat. Wie uns John Green, der Expeditionsleiter, sag-
te, ist der Komet von zahllosen Eispartikeln von Sandkorn- bis zu
Fußballgröße umgeben.
Der Kern des Halleyschen Kometen wird in der Tat von einem Hof,
der sog. Koma, umgeben. Obwohl deren Durchmesser in etwa der
Entfernung Erde–Mond entspricht, ist die Durchflugzeit der Sonde mit nur vier Stunden sehr kurz. Weil die Gefahr groß ist, daß
Giotto diese Passage nicht unbeschadet übersteht, werden die
Meßdaten der wissenschaftlichen Instrumente an Bord sofort zur
Erde gesandt. Daraus ergibt sich ein neues Problem: Die Richtan-
tenne der Sonde, mit der die Daten zur Erde gesendet werden, muß
ständig zur Erde zeigen. Sollte der Bewegungsmechanismus der
Antenne durch ein größeres Teilchen getroffen werden und ausfal-
len, sind zahlreiche Daten unwiederbringlich verloren. So ist also
– trotz des Meteoritenschildes, der nur kleine Teilchen abhalten
kann – ein vollständiger Schutz der Sonde nicht möglich.
Die Giotto-Sonde führt eine umfangreiche Anzahl von elektronischen Geräten und wissenschaftlichen Instrumenten mit sich.
Dennoch hat sie von der Antennenspitze bis zum Meteoriten-
schild eine Länge von nur drei Metern bei einem Durchmesser,
der etwas mehr als die Hälfte davon beträgt. Zur Zeit des Rendezvous, wenn sie ihren Festtreibstoff aufgebraucht hat, wird sie nur
noch 430 kg wiegen. Diese verhältnismäßig kleinen Werte im Volumen und Gewicht sind nur durch die Anwendung von mikro-
elektronischen Bauteilen und Miniaturisierung aller mechani-
schen Komponenten möglich.
Bei der Planung des Rendezvousmanövers mußten die Wissenschaftler auch berücksichtigen, daß die Umlaufbahn des Halleyschen Kometen, so wie die vieler anderer Kometen, nicht in derselben Ebene liegt, in der sich die Erde und – mit kleinen Abwei-
chungen – auch die übrigen Planeten um die Sonne drehen. Läuft
der Komet in das innere Sonnensystem, wird seine Bahn diese
Ebene unter einem großen Winkel schneiden, zunächst (im November 1985) von Süden nach Norden und beim Rückflug (Mitte
März 1986) nochmals von Nord nach Süd.

Wichtig für die Giotto-Mission ist auch die richtige Wahl des günstigsten Zeitpunktes für die größte Annäherung an den Kometen. Diese sollte in der Nähe eines der beiden Bahnschnittpunkte liegen, da dann bei minimalem Treibstoffverbrauch die größte wissenschaftliche Nutzlast mitgeführt werden kann.

Es wurde daher beschlossen, das Rendezvousmanöver am 13. März 1986 durchzuführen. Dann dürfte der Komet auch in der Phase seiner größten Aktivität sein, da er den sonnennächsten Punkt einen Monat zuvor durchlaufen haben wird, außerdem ist er zu diesem Zeitpunkt ungefähr gleichweit von der Erde und der Sonne entfernt. Die genauen Entfernungen zu Sonne und Erde betragen 133 Millionen km bzw. 147 Millionen km.

Die Giotto-Sonde wird am Kometenkern mit einer Geschwindigkeit von 69 km/sec vorbeifliegen, wobei für die Gesamtzeit des Rendezvous etwa vier Stunden veranschlagt werden. Der genaue Abstand zum Kometenkern ist nicht exakt vorausberechenbar, da einmal der Komet in seiner Bahnbewegung durch ausströmende Gase unvorhersehbar beeinflußt und zum anderen der Kern in der diffusen Koma von der Erde aus nicht gesehen werden kann, so daß seine Position auf nur 500 km genau bekannt ist. Doch ist ein Zusammenstoß der Sonde mit dem Kometenkern, der nur wenige Kilometer groß ist, ziemlich unwahrscheinlich.

Beim Vorbeiflug Mitte März, wenn Giotto hoffentlich auch Farbbilder vom Kometen zur Erde senden wird, ist noch nicht die kürzeste Entfernung zwischen dem Kometen und der Erde erreicht. Dies wird mit 60 Millionen km Abstand erst einige Wochen nach Abschluß der Giotto-Mission, am 11. April 1986, der Fall sein. (Dann sind auch die besten Sichtbarkeitsbedingungen von der Südhalbkugel der Erde aus gegeben.)

Allen Kometenmissionen liegt die Annahme zugrunde, daß der Kern aus gefrorenen Gasen besteht – die Theorie vom »schmutzigen Schneeball«. Sollte sich kurz vor dem Rendezvous herausstellen, daß der Kern eher ein Wirbel von Eiskörnern ist, wie es einige Wissenschaftler für möglich halten, so ist es zu spät, den Flugplan noch abzuändern. In diesem Fall würde Giotto zerstört werden, noch bevor die Sonde ein einziges Bild machen

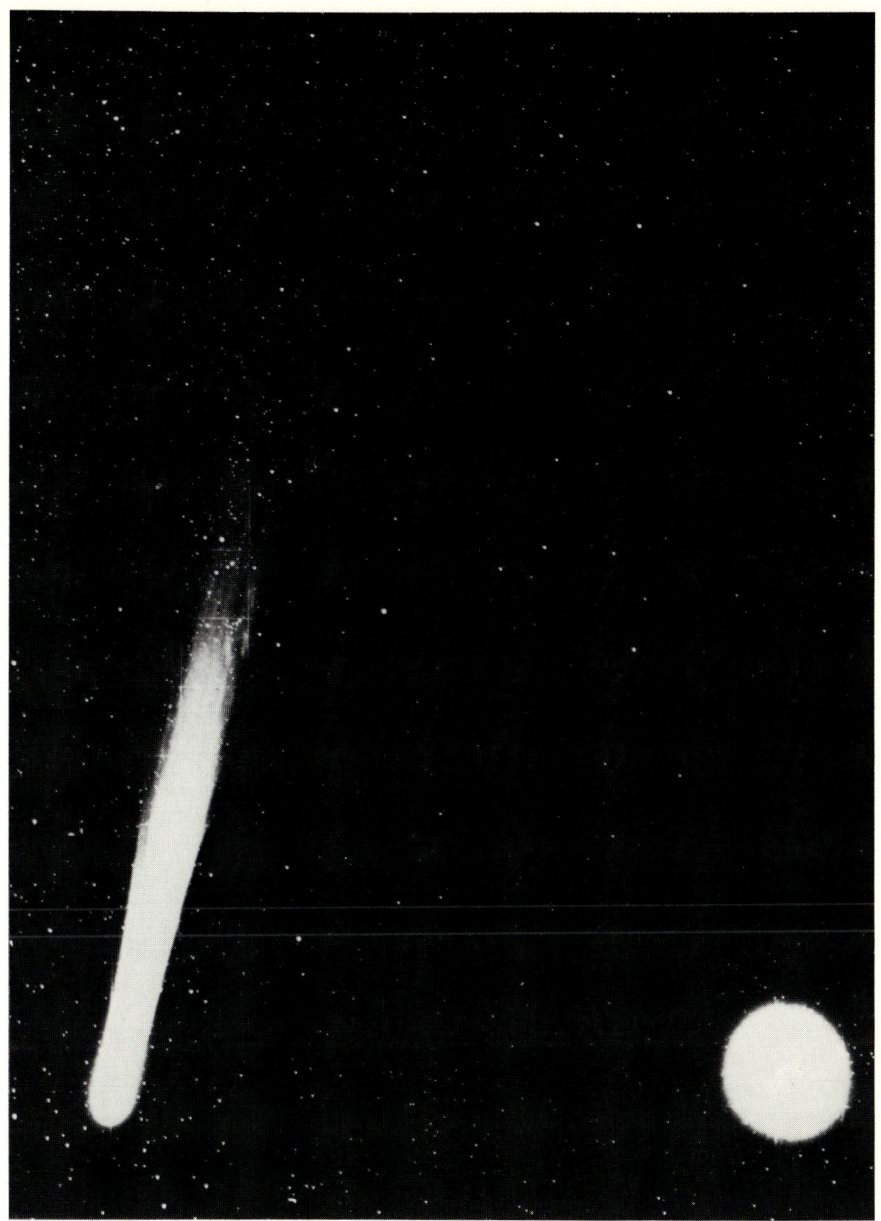

1 Der Halleysche Komet
1910, rechts unten der Planet
Venus (aufgenommen vom
Johannesburg Observatory,
Republik Südafrika)

2 Die vier Wissenschaftler, denen es gelang, den Nachweis für die Erscheinung des Halleyschen Kometen 164 und 87 v. Chr. zu erbringen: (v. l.) Kevin Yau, Christopher Walker, Richard Stephenson und Hermann Hunger

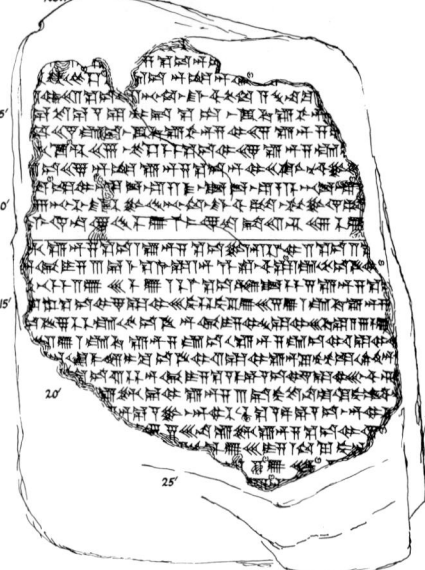

3 Zwei Zeichnungen der babylonischen Tafeln aus der Sammlung des Britischen Museums, auf denen erstmals ein Hinweis auf die Erscheinung des Halleyschen Kometen 164 und 87 v. Chr. gefunden werden konnte

4/5 Die europäische Raumsonde »Giotto«, die im März 1986 den Schweif und die Koma des Halleyschen Kometen durchqueren und dabei vier Tage lang wissenschaftliche Untersuchungen vornehmen soll; die Abbildungen zeigen die Sonde in der Vorbereitung auf Antennentests (oben) und nach einem Hitzetest in den CNES-Einrichtungen in Toulouse, Frankreich (links)

6 Um ihre Raumsonde »Planet A« zur Erforschung des Halleyschen Kometen ins All zu schicken, setzen die Japaner eine ihrer erfolgreichen Mini-Raketen ein, wie sie rechts beim Start der »Sakigake«-Sonde (MS-T 5) am 5. Januar 1985 zu sehen ist

7 Die japanische Bodenstation Kagoshima, etwa zehnmal kleiner als das amerikanische Cape Canaveral, wird gemeinsam mit mehreren anderen Bodenstationen den Kontakt zu den japanischen Raumfahrtmissionen halten

8   Das Modell der japanischen »Sakigake«(etwa
»Pfandfinder/Erforscher«)-
Sonde (MS-T 5), die am
5. Januar 1985 gestartet
wurde; sie ist baugleich mit
der Sonde »Planet A«, die
im August 1985 ins All
geschickt worden ist und
den Halleyschen Kometen
am 7. März 1986 in etwa
100 000 km Abstand passieren wird

9 Die Vega-Mission ist ein Gemeinschaftsprojekt sowjetischer, bulgarischer und französischer Wissenschaftler, das vom sowjetischen Raumfahrtzentrum Baikonur aus geleitet wird; die beiden Sonden »Vega I« und »Vega II« fliegen zunächst zum Planeten Venus, wo sie Forschungsaufträge erfüllen, bevor sie auf einen Kurs in Richtung auf Halleys Komet gelenkt werden, den sie Anfang März 1986 erreichen

**Komet Halley sehen...
natürlich mit einem
CELESTRON· Teleskop**

CELESTRON®
Dr. Vehrenberg KG · Schillerstraße 17
4000 Düsseldorf 1 · Tel.: (0211) 672080

Diesen
Aufkleber
erhalten Sie
von uns kostenlos
wenn Sie uns DM –,80
in Briefmarken für die Zusendung einschicken.

...NATÜRLICH MIT EINEM
CELESTRON
TELESKOP

10 Ein Beispiel für die werbliche Nutzung des Halleyschen Kometen 1985/86 ist diese Anzeige in einer astronomischen Fachzeitschrift. Dieselbe Firma bietet auch verschiedene »Halley-Teleskope« an

11   Werbe- und Informationsplakat der British Aerospace/Dynamics Group für »Giotto«

Die Giotto-Begegnung auf einen Blick

Relative Positionen von Erde, Komet und Raumsonde (nach Angaben der »Dynamics Group British Aerospace« – Hauptpartner für die zehn Teilnehmerländer am Giotto-Projekt).

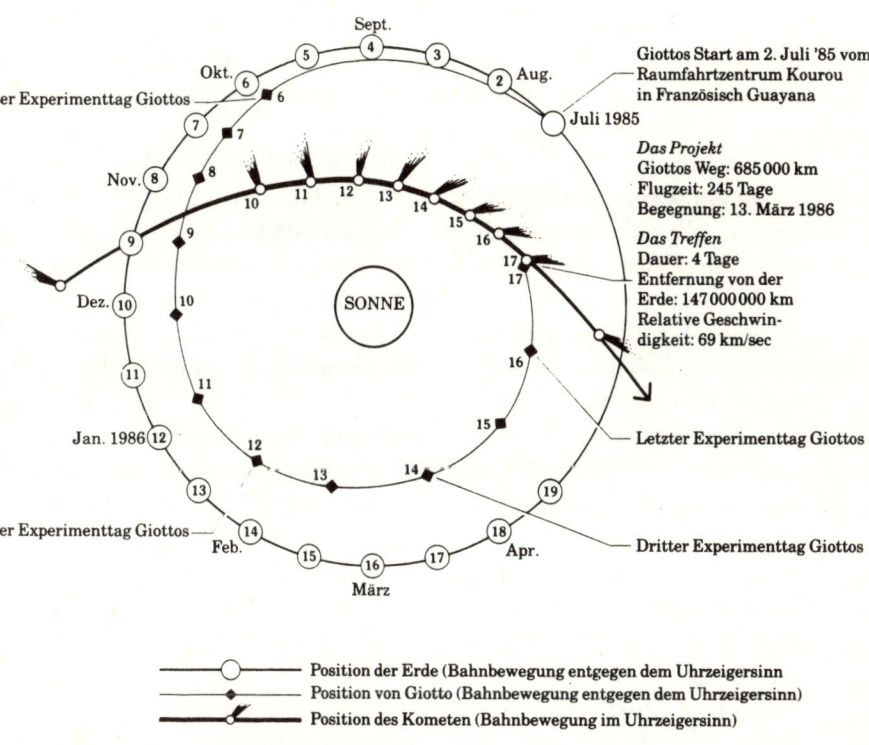

Giottos Start am 2. Juli '85 vom Raumfahrtzentrum Kourou in Französisch Guayana

Das Projekt
Giottos Weg: 685 000 km
Flugzeit: 245 Tage
Begegnung: 13. März 1986

Das Treffen
Dauer: 4 Tage
Entfernung von der Erde: 147 000 000 km
Relative Geschwindigkeit: 69 km/sec

———○——— Position der Erde (Bahnbewegung entgegen dem Uhrzeigersinn)
———◆——— Position von Giotto (Bahnbewegung entgegen dem Uhrzeigersinn)
———◖——— Position des Kometen (Bahnbewegung im Uhrzeigersinn)

Wie man die relativen Positionen ermittelt

Die Bahnen von Erde, Giotto und Komet sind mit Nummern versehen, die mit den für alle drei Bahnen gültigen Daten korrespondieren. Die geraden Zahlen zeigen den Monatsbeginn an, die ungeraden etwa die Monatsmitte. Zwei Beispiele: Anfang Dezember 1985 (Position 10) entfernt sich Giotto allmählich von der Erdbahn und bewegt sich langsam in Richtung Sonne, während der Komet in entgegengesetzter Richtung seinem Perihel im Februar (Position 14 und 15) zusteuert; Mitte März 1986 (Position 17) wird Giotto den Kometen treffen und den Kern in einem Abstand von etwa 500 km passieren.

oder auch nur ein SOS-Signal zur Erde schicken kann.

Nicht weniger als 21 Vertragspartner aus zehn verschiedenen Ländern, der Bundesrepublik Deutschland, Belgien, Dänemark, Frankreich, Großbritannien, Italien, den Niederlanden, Österreich, Schweiz und Schweden, arbeiten unter der Leitung der »Dynamics Group« der »British Aerospace« zusammen. Die Flugkontrolle der Giotto-Sonde übernimmt das Operationszentrum der ESA in Darmstadt. Die Meßdaten werden mit der 64m-Antenne des Parkes-Radioteleskops in Australien empfangen.

Es gibt neben der europäischen noch vier weitere Missionen zum Kometen, zwei sowjetische mit den Bezeichnungen »Vega I« und »Vega II« und zwei japanische, »MS-T5« und »Planet-A«. Alle vier Raumfahrzeuge werden mit hoher Geschwindigkeit an Halleys Komet vorbeifliegen, allerdings mit verschiedenen Flugrichtungen. Wenn man später die Meßdaten gemeinsam auswertet, sollte es möglich sein, ein dreidimensionales Bild der Struktur des Kometenkerns zu erhalten.

Die Japaner haben mit einer fortschrittlichen Technik und mit hochwertiger Elektronik eine außergewöhnliche Weltraummission vorbereitet. Als ich Professor Obayashi im März 1984 im Institut für Raumfahrt und Weltraumwissenschaften in Tokio traf, zeigte er mir das »MS-T5«-Raumfahrzeug, dessen Start dann am 5. Januar 1985 erfolgte. Das »MS-T5« – später »Sakigake« (Pfadfinder/Erkunder) getauft – wird außerdem den Sonnenwind analysieren und, da es vor der Sonde »Planet-A« fliegt, deren Start erst für August 1985 geplant war, mit seinen übermittelten Daten sehr hilfreich sein, um die Forschungsaufträge von »Planet-A« und der Giotto-Mission zu erfüllen.

Giotto und die beiden sowjetischen Projekte können als Selbstzerstörungs- oder »Kamikaze«-Missionen bezeichnet werden, da die Sonden wahrscheinlich in Kernnähe durch Teilchentreffer stark beschädigt werden. Die japanische Sonde »Planet-A« hingegen wird in weitaus sicherer Entfernung am Kern vorbeiziehen. Während von Giotto eine kürzeste Distanz von 500 km erwartet wird, soll »Planet-A« am 7. März 1986 in etwa 100000 km Abstand am Kometen vorbeifliegen. »Planet-A« ist dann 200mal weiter vom Kometenkern entfernt als Giotto. Eine Spezialkamera soll dann im ultravioletten Licht Aufnahmen des Kometen machen.

Die japanische Sonde wiegt nur 135 kg und hat einen Durchmesser von 1,4 m. Sie ist zylinderförmig aufgebaut und kleiner als die Giotto-Sonde; deshalb kann sie auch nicht so viele Aufgaben durchführen. Die Japaner haben bereits zahlreiche Satelliten in die Erdumlaufbahn geschossen, aber dies ist das erste Mal, daß sie einen künstlichen Himmelskörper in eine Bahn um die Sonne bringen.

Die sowjetische »Vega«-Mission dient zwei Forschungszwecken. Anstatt direkt auf den Kometen zu zielen (wie Giotto, MS-T5 und Planet-A), fliegen die »Vega«-Sonden zunächst zum Planeten Venus und entsenden dort Kapseln und Ballons in die dichte Atmosphäre. Dabei wird die Anziehungskraft der Venus ausgenutzt, um die Sonden um den Planeten herum auf eine Bahn in Richtung zum Halleyschen Kometen zu schwenken. Die Venus beschleunigt hierbei die Sonden, sie wirkt wie eine Zusatzrakete. Die Lage des Planeten auf seiner Bahn um die Sonne ist dann gerade so günstig, daß ein Rendezvous mit Halley ermöglicht wird.

Die erste »Vega-Sonde« wurde am 15. Dezember 1984 gestartet. Sie hat die Venus im Juni 1985 erreicht und wird der erste Raumflugkörper sein, der Anfang März 1986 zum Kometen Halley kommt und ihn in knapp 10000 km Entfernung passiert. Die zweite »Vega« wurde ebenfalls im Dezember, am 21.12.1984, gestartet. Sie ist ein Duplikat der ersten und wird Halley kurz nach dieser erreichen. Sie soll den Meßauftrag von »Vega I« übernehmen, falls diese zu dicht an den Kometen herankommt und durch Teilchen mit hoher Geschwindigkeit zerstört wird. Für diesen Fall ist »Vega II« darauf programmiert, in sicherer Distanz vorbeizufliegen. Übersteht jedoch »Vega I« das Rendezvous unbehelligt, soll »Vega II« näher an den Kometenkern manövriert werden. Da ihre Relativgeschwindigkeit aber größer ist als die der Giotto-Sonde, kann der kürzeste Abstand nur 4000 oder 5000 km kleiner sein als der von »Vega I«. Bei einer noch stärkeren Annäherung wären keine zufriedenstellenden Resultate mehr zu bekommen, da die Zeit des Vorbeifluges zu kurz wird.

Die Mitarbeiter der Weltraumorganisation der Vereinigten Staaten, der NASA, sind sehr enttäuscht, daß sie wegen der Budgetkürzungen 1981 keine eigene Sonde zum Halleyschen Kometen schicken können. Trotzdem sind die USA intensiv an der Erforschung des Kometen beteiligt. In den Vereinigten Staaten findet sich zum einen die Zentrale der »International Halley Watch«, zum anderen können zwei schon vorhandene US-Raumsonden genutzt werden, um wertvolle Informationen über den Kometen zu sammeln. Die beiden Sonden hatten zunächst ganz andere Aufgaben zu erfüllen und befinden sich auch schon seit längerer Zeit im Weltraum.

Am 4. Februar 1986 wird Halley im Abstand von 40 Millionen km den Planeten Venus passieren – dieser Zeitpunkt liegt nur fünf Tage vor dem Perihel, dem kürzesten Abstand des Kometen zur Sonne. Dann wird der amerikanische Pionier-Venus-Orbiter, der seit Ende 1978 die Venus umkreist, die günstige Gelegenheit haben, Halley einen Monat vor den anderen Sonden zu beobachten. Der Pionier-Orbiter hat Instrumente an Bord, die es ermöglichen, einige der chemischen Eigenschaften des Kometen zu messen. Außerdem können sie Veränderungen im Kometen nachweisen, die durch eine Zunahme der Temperatur bedingt sind, wenn der Komet sich der Sonne nähert.

Schließlich muß bei dieser Zusammenstellung von Raumfahrtprojekten in Verbindung mit dem Halleyschen Kometen auch ein historisches Ereignis erwähnt werden, das am 11. September 1985 stattfindet, wenn zum ersten Mal ein Raumfahrzeug, das ursprünglich gar nicht dafür vorgesehen war, einen Kometen besucht und erforscht. Zu diesem Zeitpunkt passiert der periodische Komet Giacobini-Zinner die Erdbahnebene.

Der Satellit, der hier gemeint ist, wurde von der NASA 1978 gestartet. Seine Aufgabe war die Beobachtung des Sonnenwindes weit draußen im Weltraum, bevor dieser das Erdmagnetfeld erreicht. Ursprünglich trug der Satellit die Bezeichnung ISEE-3

Der Stand des Halleyschen Kometen

Das Diagramm zeigt die ungefähre Position des Kometen alle zehn Tage zwischen
Nov. '85 und April '86
NB. Die Geschwindigkeit des Kometen wird in km/h angegeben. Sie nimmt im
Anflug auf die Sonne zu, danach ab.

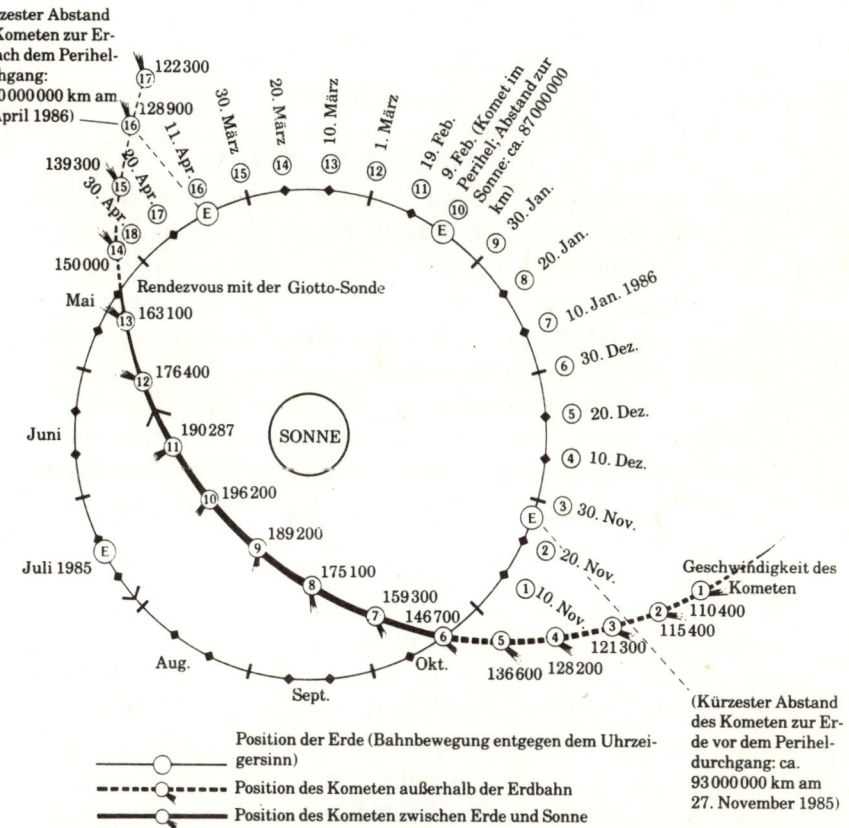

Erläuterung:
Suchen Sie das gewünschte Datum für die Position der Erde auf. Dort finden Sie
eingekreist eine Zahl. Die gleiche Zahl steht an der entsprechenden Position des
Kometen. So finden Sie die ungefähre Position des Kometen zu diesem Zeitpunkt.
Ein Beispiel: Am 30. Dezember (Position Nr. 6) steht der Komet in der Projektion
fast genau auf der Erdbahn. Seit der Position vom 27. November hat er sich weiter
von der Erde entfernt, ist aber auch näher zur Sonne gekommen.

(»International Sun-Earth Explorer 3«). Im Dezember 1983 wurde er in eine erdnähere Umlaufbahn gebracht, um den Einfluß des Mondes auf das Erdmagnetfeld zu erforschen. Am 22. Dezember 1983 ist er wieder in die Tiefen des Weltraumes zurückgeschickt und in »International Comet Explorer« (ICE) umbenannt worden. Auf seinem neuen Kurs wird er den Kometen Giacobini-Zinner am 11. September 1985 passieren; dies ist das erste Rendezvous mit einem Kometen.

ICE wurde nicht dafür konstruiert, Kometen zu beobachten, wird aber den Schweif von Giacobini-Zinner etwa 10 000 km hinter dem Kern durchqueren und dabei das Magnetfeld und Eigenschaften des Plasmas messen können. Als wichtigste Aufgabe soll er den Sonnenwind im Bereich des ankommenden Kometen Halley untersuchen – eine wertvolle Bereicherung der Meßdaten über Halley. Die »International Halley Watch« betrachtet die ICE-Mission als so bedeutend, daß sie ihr ebensoviel Aufmerksamkeit widmet wie Halley selbst.

Das Erstaunlichste an all diesen Aktivitäten um den Halleyschen Kometen ist vielleicht die Tatsache, daß 50 verschiedene Länder ihren nationalen Egoismus und ihre politischen Differenzen überwunden haben, um innerhalb der »International Halley Watch« an einem freien und großzügigen Austausch von Informationen und Beobachtungsergebnissen teilzunehmen. Als ich für eine britische Zeitung einen ausführlichen Artikel über die friedliche Zusammenarbeit des westlichen und des östlichen Blocks und der Dritten Welt schrieb, formulierte ich folgende Überschrift: »Halleys Komet taut den Kalten Krieg auf.« Dr. Donald K. Yeomans drückte denselben Gedanken so aus: »Die Ironie des Schicksals wollte es, daß derselbe Komet, der in der Geschichte Furcht, Schrecken und Mißverständnisse verbreitet hat, nun der Ausgangspunkt für ein bislang einmaliges Niveau internationaler wissenschaftlicher Zusammenarbeit ist.«

Beobachtungsmöglichkeiten bei Halleys 30. Wiederkehr

Es ist alles andere als einfach zu zeigen, wo und wie man den Halleyschen Kometen beobachten können wird. Dazu erinnern wir uns zunächst an einige grundlegende Tatsachen. Die Erde rotiert und benötigt für eine volle Drehung 24 Stunden. Dabei umläuft sie die Sonne mit einer Bahnperiode von 365 Tagen (tatsächlich sind es einige Stunden mehr, was erklärt, warum wir alle vier Jahre ein Schaltjahr benötigen). Die Bahngeschwindigkeit der Erde während ihrer 934 Millionen km langen Reise beträgt 106 000 km/h oder knapp 30 km/sec.

Inzwischen ist Halleys Komet bei uns am Himmel sichtbar geworden. Seine Geschwindigkeit nimmt ständig zu, da die wachsende Anziehungskraft der Sonne ihn immer mehr beschleunigt. Er läuft um die Sonne herum, allerdings in entgegengesetzter Richtung zur Bahnbewegung der Erde. Seine Geschwindigkeit wird auf fast 55 km/sec anwachsen, das sind ungefähr 196 000 km/h. Mit einer solchen Geschwindigkeit könnte eine Rakete in derselben Zeit, die ein Concorde-Überschallflugzeug braucht, um den Atlantik zu überqueren, zum Mond und zurückfliegen. Wir können auch einen anderen Vergleich wählen: Der Komet legt mehr als 500 km zurück, während ein Weltklassesprinter die 100 m läuft.

Trotz seiner hohen Geschwindigkeit wird es selbst dann nicht leicht sein, Halleys Bahnbewegung direkt zu beobachten, wenn er im April 1986 am nächsten zur Erde steht, da die Entfernung zu ihm immerhin noch etwa 60 Millionen km beträgt.

Für eine genaue Vorhersage der Sichtbarkeitsbedingungen des Kometen für jeden Tag in dem vor uns liegenden Zeitraum müssen die Wissenschaftler und Mathematiker nicht nur die genauen Bahndaten berücksichtigen, sondern auch Faktoren wie die Neigung der Erdachse, die Mondphasen, die Jahreszeiten und die mittleren Wetterbedingungen am Beobachtungsort.

Die folgenden sieben Punkte sollten alle Beobachter sowohl der nördlichen als auch der südlichen Hemisphäre beachten.

1. Suchen Sie einen möglichst dunklen Platz auf, der weit genug vom Streulicht der Städte entfernt ist und nicht durch Nebel, Dunst oder Staub beeinträchtigt wird. Störendes helles Mondlicht oder die Verschmutzung der Atmosphäre, die das Kometenlicht schwächen, machen eine Beobachtung schwierig, wenn nicht sogar unmöglich.

2. In manchen Tageszeitungen und Zeitschriften sind voraussichtlich vom Herbst 1985 bis zum Frühjahr 1986 Beobachtungshinweise zu finden, die Aufsuchzeiten und -richtungen enthalten.

3. Benutzen Sie einen lichtstarken Feldstecher. Obwohl man den Kometen um den 9. Februar 1986, wenn er am nächsten zur Sonne steht, nicht sehen kann, wird er eine gewisse Zeit vor und nach diesem Datum mit dem bloßen Auge sichtbar sein. Der Komet kann in den meisten Ländern der Erde beobachtet werden, außer in den hohen nördlichen Breiten.

4. Wenn Sie vom Hellen in die Dunkelheit kommen, brauchen Ihre Augen etwa 15–20 Minuten, um sich dem schwachen Licht anzupassen. Sie werden dann den Kometen leichter auffinden und seine Bahnbewegungen von einer Nacht zur andern leicht verfolgen können.

5. Wenn Sie mit einem Feldstecher beobachten, sehen Sie feinere und lichtschwächere Details des Kometen, allerdings ist dabei das Gesichtsfeld wesentlich kleiner als bei einer Beobachtung mit dem bloßen Auge. Um den Kometenschweif in seiner vollen Größe zu sehen, müssen Sie das Fernglas in beide Richtungen langsam hin und herbewegen.

6. Die größte Annäherung an die Erde vor dem Periheldurchgang erreicht der Komet am 27. November 1985. In den folgen-

den Wochen bewegt sich die Erde, die auf ihrer Bahn um die Sonne im entgegengesetzten Uhrzeigersinn läuft, immer weiter vom Kometen weg, während dieser sich im Uhrzeigersinn der Sonne nähert. Hierbei haben Beobachter der nördlichen Hemisphäre bessere Sichtbedingungen als Anfang April 1986, wenn der Komet auf seinem vom Perihel wegführenden Teil der Bahn nochmals in Erdnähe kommt. Dann wird Halley besser von der Südhalbkugel der Erde aus zu beobachten sein.

7. Viele Leute möchten für ihre Nachtwache am Morgen- oder Abendhimmel ein bleibendes Andenken in Form einer Kometenfotografie erhalten. Eine jede Kamera, deren Verschluß offen gehalten werden kann, ist dazu geeignet. Die meisten Kameras haben für einen solchen Zweck eine B-Einstellung am Verschluß. Auch automatische Kameras, die lange genug belichten können, sind verwendbar. Die Kamera muß jedoch auf ein stabiles Dreibeinstativ geschraubt werden. Um Erschütterungen zu vermeiden, verwendet man zum Belichten möglichst einen Drahtauslöser. Benutzen Sie hochempfindliche Schwarz-Weiß- oder Farbfilme bei Belichtungszeiten von 10 sec. bis zu 10 min. Dauer für ihre Kometenfotografie. Bei langen Belichtungszeiten erscheinen der Komet und die Sterne als Strichspuren. Für die Blende sollte die niedrigste Einstellung gewählt werden. Objektivbrennweiten von 28 bis 200 mm sind für diese Aufgabe bestens geeignet.

Der Halleysche Komet kann im Herbst 1985 von der Nordhalbkugel aus mit Hilfe kleiner Fernrohre leicht beobachtet werden. Ende November und im Dezember sieht man den Kometen etwa 1½ Stunden nach Sonnenuntergang im Südwesten in mittlerer Höhe mit einem Feldstecher. Anfang bis Mitte Januar ist er mit dem bloßen Auge zu erkennen. Er wird dann sehr schnell heller und mit zunehmender Sonnenannäherung auch einen Schweif entwickeln. Während dieser Wochen, bevor er am Monatsende vom Licht der Sonne verschluckt wird, ist er in jeder klaren Nacht mit Beginn der Dunkelheit in westlicher Richtung tief am Abendhimmel zu sehen.

Im März ist der Komet erneut zu beobachten, diesmal jedoch am Morgenhimmel im Osten und Südosten und in größerer Horizontnähe. Zugleich nimmt seine Helligkeit weiter zu. Dies gilt aber kaum für Mitteleuropa, ausgenommen vielleicht Süddeutschland, Österreich und die Schweiz (einen sehr guten Beobachtungsplatz vorausgesetzt).

Anfang April ereicht der Komet seine größte Erdnähe. Er leuchtet dann am hellsten, und sein Schweif erscheint auch am längsten. Er ist aber nur in äquatornäheren Teilen der Nordhalbkugel zu beobachten (von Mitteleuropa aus überhaupt nicht), da er im Südosten tief am Horizont steht und sich jeden Tag weiter nach Süden bewegt. Sein Licht wird durch die dichten Teile der Erdatmosphäre geschwächt. (Jetzt haben Beobachter der Südhalbkugel die bessere Sicht.) Während der letzten beiden Aprilwochen 1986 kann man den Kometen dann wieder am Abendhimmel in südöstlicher bis südlicher Richtung mit dem bloßen Auge sehen. Er steigt dann Tag für Tag höher auf, allerdings wird sein Schweif auch immer kürzer werden. Ab Mai können wir nur noch mit Hilfe eines Feldstechers oder Fernrohres verfolgen, wie er sich in die eisigen Tiefen des äußeren Sonnensystems entfernt.

Auf der Südhalbkugel der Erde können die Beobachter die Annäherung des Kometen 1985 nicht so gut verfolgen wie ihre Antipoden. Dafür sind jedoch südlich des Erdäquators 1986 die besten Sichtbarkeitsbedingungen gegeben. Trotzdem ist Halleys Komet auch im Herbst 1985 mit kleinen Fernrohren zu sehen. Dr. Donald K. Yeomans hat darauf hingewiesen, daß der Komet im Dezember am Nordwesthorizont nach der Abenddämmerung (etwa 1½ Stunden nach Sonnenuntergang) mit dem Feldstecher beobachtet werden kann. Anfang Januar wird der Komet so hell geworden sein, daß er im Westen mit bloßem Auge zu sehen ist. Leider führt ihn seine rasche Bewegung bald in die Nähe der Sonne, die ihn völlig überstrahlt, so daß er für mehr als einen Monat unsichtbar bleibt.

Ende Februar erscheint der Komet dann wieder am Morgenhimmel. Er ist vor Beginn der Morgendämmerung (1 bis 1½ Stunden vor Sonnenaufgang) etwas südlich der Ostrichtung nahe am Horizont zu beobachten. Der Komet vergrößert täglich seinen Abstand zum Horizont, und man kann bald auch seinen Schweif sehen, der sich deutlich besser als im Januar entwickelt haben sollte. In der zweiten Märzwoche wird der Komet etwas lichtschwächer, während sein Schweif weiter anwächst. Mitte des Monats steht der Komet bei Dämmerungsbeginn schon in halber Höhe zum Zenit am Horizont und steigt täglich höher. Zugleich nähert er sich immer mehr der Erde.

Ende März und Anfang April ist der Komet am hellsten und erreicht auch seine scheinbar größte Ausdehnung. Er kann ziemlich hoch am Himmel beobachtet werden; Mitte April wird der Komet deutlich lichtschwächer. Er ist in geringerer Höhe sowohl am Morgenhimmel im Südwesten als auch am Abendhimmel im Südosten zu sehen. Aber schon eine Woche später ist der Halleysche Komet ganz zum Abendhimmel übergewechselt. Jetzt wird es auch schon schwierig sein, ihn mit dem bloßen Auge zu beobachten. In den folgenden Monaten kann der Komet nur noch mit Feldstechern oder Fernrohren verfolgt werden.

Monat	1985			1986		
	Abstand von der Sonne Erde		Geschwindigkeit km/sec	Abstand von der Sonne Erde		Geschwindigkeit km/sec
	Sonne	Erde	km/sec	Sonne	Erde	km/sec
Januar	789,9	649,3	−15,8	151,1	173,5	−26,5
Februar	746,5	650,8	−16,3	92,8	233,4	−11,6
März	707,6	680,7	−16,7	107,7	190,0	+21,0
April	661,2	716,6	−17,3	175,0	79,3	+26,8
Mai	616,4	733,0	−17,9	243,8	119,7	+25,6
Juni	567,0	715,1	−18,6	309,7	269,3	+23,8
Juli	517,6	662,7	−19,4	369,5	409,9	+22,4
August	463,8	570,0	−20,4	427,9	532,6	+21,1
September	408,4	445,8	−21,5	483,2	623,8	+20,0
Oktober	351,6	305,2	−22,8	534,1	676,2	+19,2
November	287,2	161,6	−24,4	583,4	689,7	+18,4
Dezember	222,9	94,2	−26,0	631,3	673,2	+17,7

In der Tabelle auf Seite 43 sind für den Zeitraum 1985/86 jeweils für den 1. eines Monats die Entfernungen des Kometen von der Sonne und der Erde eingetragen sowie seine jeweilige Geschwindigkeit (bezogen auf die Sonne; ein – bedeutet Annäherung, ein + Abstandsvergrößerung). Die Entfernungen sind in *Millionen* km angegeben, die Geschwindigkeiten in km/sec.

Nach dem 9. Februar 1986 (Perihel) nähert sich Halley über längere Zeit der Erde. Am 27. November 1985 hat der ankommende Komet einen Abstand von 93 Millionen km von der Erde. Am 11. April 1986 beträgt der Abstand des nun wieder von der Sonne weglaufenden Kometen nur 60 Millionen km. Dies ist die kürzeste Entfernung des Kometen zur Erde bei der Erscheinung 1985/86.

Die zweite Tabelle enthält Angaben über die Sichtbarkeitsbedingungen des Kometen mit dem bloßen Auge. Vorausgesetzt sind günstige Wetterverhältnisse am Beobachtungsort. Der Beobachter muß natürlich auch wissen, wo er den Kometen am Himmel zu suchen hat. Dr. Yeomans hat diese Vorhersagen kritisch überprüft. Zu der Zeit, als ich die Tabelle zusammenstellte, meinte er noch, daß es wohl ratsam sei, etwas pessimistisch über den Erfolg von Beobachtungen mit dem bloßen Auge zu sein. Es ist aber auch gut möglich, daß der Komet entgegen den jetzigen Vorhersagen etwas heller werden kann.

Dr. Yeomans vermutete, daß man im November und Dezember 1985 den Kometen nur mit Feldstecher oder Fernrohr sehen könne, wenn man seine Position am Himmel genau kennt. Auch während der ersten beiden Januarwochen wird der Komet ohne optische Hilfsmittel ein schwieriges Beobachtungsobjekt bleiben. Danach steht er zu dicht an der Sonne. Nach dem Perihel (9. Februar 1986) ist er deutlich heller und hat auch einen längeren Schweif. Die besten Beobachtungszeiten sind Ende März und Anfang April 1986 (allerdings auf der Südhalbkugel).

Vor dem Periheldurchgang hat der Komet nördliche (positive) Deklination, so daß Beobachter der Nordhalbkugel einen bevorzugten Standort haben. Nach dem Perihel sind hingegen Beobachter der Südhalbkugel im Vorteil.

44

Sichtbarkeitsbedingungen des Kometen bei Beobachtungen mit dem bloßen Auge

	mittl. geogr. Breite	Nov.	Dez.	Jan.	Feb.	März	April	Mai
Afrika (Nord)	30°N	*	**	***	–	***	****	*
Afrika (Mitte)	0°	*	**	**	–	***	****	*
Afrika (Süd)	35°S	*	*	*	–	***	****	*
Australien	28°S	*	*	*	–	***	****	*
Belgien	51°N	*	*	**	–	*	**	*
Brasilien	15°S	*	*	**	–	***	***	*
BRD	50°N	*	*	**	–	*	**	*
Chile	30°S	*	*	**	–	***	****	*
China	30°N	*	*	***	–	***	****	*
Dänemark	56°N	*	*	**	–	*	**	*
Finnland	60°N	*	*	*	–	–	*	*
Frankreich	45°N	*	*	**	–	*	**	*
Griechenland	37°N	*	*	***	–	**	****	*
Großbritannien	52°N	*	*	**	–	*	**	*
Hongkong	20°N	*	**	***	–	***	****	*
Indien	22°N	*	**	***	–	***	****	*
Iran	32°N	*	**	***	–	***	****	*
Irland	52°N	*	*	**	–	*	**	*
Israel	31°N	*	*	***	–	**	***	*
Italien	43°N	*	*	***	–	**	***	*
Japan	37°N	*	*	***	–	***	****	*
Jugoslawien	43°N	*	*	***	–	**	**	*
Kanada	52°N	*	*	**	–	*	**	*
Mauritius	23°S	*	*	**	–	***	****	*
Neuseeland	43°S	*	*	*	*	***	****	*
Niederlande	52°N	*	*	**	–	*	**	*
Norwegen	63°N	*	*	**	–	–	*	*

	mittl. geogr. Breite	Nov.	Dez.	Jan.	Feb.	März	April	Mai
Österreich	50°N	*	*	**	–	*	**	*
Philippinen	14°N	*	*	***	–	***	****	*
Portugal	37°N	*	*	***	–	**	***	*
Saudi Arabien	25°N	*	*	***	–	***	****	*
Schweden	62°N	*	*	**	–	–	*	*
Schweiz	45°N	*	*	**	–	*	**	*
Spanien	40°N	*	*	***	–	**	***	*
Sri Lanka	7°N	*	*	***	–	***	****	*
Türkei	30°N	*	*	***	–	***	****	*
UdSSR	52°N	*	*	**	–	***	****	*
Ungarn	45°N	*	*	**	–	**	**	*
Uruguay	28°S	*	*	**	–	***	****	*
USA	35°N	*	*	**	–	***	****	*
Venezuela	10°N	*	*	***	–	***	****	*

* nicht zu sehen (außer mit Feldstecher oder Fernrohr) ** gerade sichtbar
*** gut sichtbar **** sehr gut sichtbar
Anm.: Im Februar 1986 wird der Komet von der Sonne überstrahlt. Er steht dann von der Erde aus gesehen hinter der Sonne.

Reaktionen auf den Halleyschen Kometen 1910

Ich glaube, daß auch 1985/86 die Welt von einem ähnlichen Kometenfieber ergriffen werden wird, wie es 1910 der Fall war. Durch die Weltraumsonden und durch die frühzeitige Wiederentdeckung des Kometen (schon Jahre vor dem Termin des Periheldurchgangs) hat das weltweite Interesse an Halleys Wiederkehr unvergleichbar stark zugenommen.

Der mit früheren Kometenerscheinungen verbundene Aberglaube und Unverstand bis hin zu Furcht und Schrecken haben sich bei vielen Menschen im Unterbewußtsein festgesetzt. Dies wird auch durch die Erkenntnisse der modernen Wissenschaft kaum abgeschwächt.

Es würde mich nicht überraschen, wenn die Wahrsager ihre Prophezeiungen erneut mit der gleichen Wichtigkeit vortragen wie schon in zahllosen Jahrhunderten zuvor. Die Nachricht, das Jüngste Gericht stünde bevor, wird sicherlich bald wieder zu hören sein. Wir müssen auch mit anderen ungewöhnlichen Meldungen rechnen. Es wird Selbstmorde geben, die mit dem Kometen in Verbindung gebracht werden, religiöse Kulte werden aufblühen und Propheten erscheinen, die ernsthaft behaupten, die Wiederkehr Christi stünde unmittelbar bevor.

Auf der anderen Seite wird es – wie schon 1910 – auch Heiteres und Amüsantes geben, wie Kometen-Parties, Sternguckertreffen, Kometenmusik, Kometensouvenirs und vielleicht gar eine neue Kometenmode. Die Menschen werden sich benehmen, als hätten sie Anteil an einem ehrfurchtgebietenden und spektakulären Ereignis, denn die meisten werden es nur einmal im Leben erfahren können.

Wer das nicht glaubt, braucht nur in das Jahr 1910 zurückzu-
schauen. Es gibt noch lebende Zeitgenossen unter uns, die sich an
den damaligen Trubel zurückerinnern können. So z. B. der
Schriftsteller Elias Canetti, der in seiner autobiographischen Geschichte einer Jugend (*Die gerettete Zunge*) über den tiefen Eindruck berichtet, den Halleys Komet 1910 auf ihn als fünfjährigen
Knaben machte:

»... nie habe ich die Menschen in solcher Aufregung gesehen wie
zur Zeit des Kometen ... Alle sprachen vom Kometen, bevor ich
ihn sah und hörte, das Ende der Welt sei gekommen. Ich stellte
mir nichts darunter vor, wohl aber merkte ich, daß die Leute verändert waren, zu flüstern begannen, wenn ich in die Nähe kam
und mich mitleidig ansahen. Die bulgarischen Mädchen flüster-
ten nicht, sie sagten es alles heraus und von ihnen erfuhr ich, auf
ihre derbe Art, daß das Ende der Welt gekommen sei. Es war der
allgemeine Glaube in der Stadt und der muß eine Weile vorge-
herrscht haben, da es sich mir, ohne daß ich mich selbst vor etwas
Bestimmtem fürchtete, so tief einprägte ...

Eines Nachts hieß es, jetzt sei der Komet da und jetzt werde er auf
die Erde fallen. Ich wurde nicht schlafen geschickt, ich hörte jemand sagen, das hätte jetzt keinen Sinn, die Kinder sollten auch
in den Garten kommen. Im großen Gartenhof standen viele Menschen herum, so viele hatte ich noch nie hier gesehen, alle Kinder
aus unseren Häusern und den Nachbarhäusern standen dazwischen, und alle, Erwachsene wie Kinder, starrten zum Himmel
hinauf, wo riesig und leuchtend der Komet stand. Ich sehe ihn
über den halben Himmel gebreitet. Ich spüre die Anspannung im
Nacken, mit der ich seiner ganzen Länge zu folgen versuchte.
Vielleicht hat er sich in meiner Erinnerung verlängert, vielleicht
nahm er nicht den halben, sondern einen kleineren Teil des Himmels ein. Ich muß anderen, die damals erwachsen und nicht ge-
ängstigt waren, die Entscheidung über diese Frage überlassen.
Aber es war sehr hell, fast wie bei Tag, und ich wußte sehr wohl,
daß es eigentlich Nacht sein sollte, denn ich war zum erstenmal
um diese Zeit nicht ins Bett gesteckt worden, und das war für
mich das eigentliche Erlebnis ...

Es dauerte sehr lange, niemand wurde es müde, und die Menschen standen weiter dicht beisammen. Ich sehe weder Vater noch Mutter dabei, ich sehe niemand von denen, die mein Leben ausmachten, vereinzelt. Ich sehe sie nur alle zusammen, und wenn ich das Wort nicht später so häufig gebraucht hätte, würde ich sagen, ich sehe sie als Masse: eine stockende Masse der Erwartung.«

Die Anfang des Jahrhunderts noch neuen Informationsmöglichkeiten der Telegrafie und Fotografie sowie aktueller, weitverbreiteter Tageszeitungen waren entscheidende Faktoren für das Kometenfieber von 1910, das fast gleichzeitig in allen Kontinenten ausbrach.

Unsere ausführlichen Nachforschungen in Tageszeitungen haben gezeigt, daß damals sehr viel über den Kometen geschrieben wurde. Dies wurde zum Teil auch dadurch gefördert, daß die Fachkorrespondenz von Astronomen, Wissenschaftlern und interessierten Beobachtern der Öffentlichkeit bekanntgemacht wurde. Alle Zeitungen brachten täglich Nachrichten und Spekulationen über die Fortentwicklung des Kometen sowie Meldungen über Beobachtungen aus allen Teilen der Welt.

Ähnliches konnten wir auch in anderen Ländern der Erde feststellen. Am 9. Mai 1910 meldete die *New York Times*: »Beobachter der Bermudainseln registrieren ein merkwürdiges Verhalten des Kometen seit dem Tod von König Edward.« Beginnend mit der Samstagsausgabe vom 14. Mai bis zur Sonntagsausgabe vom 22. Mai bestimmte der Komet die Schlagzeilen des Blattes. Dies geschah zu der Zeit, als der Halleysche Komet am hellsten war und die größte Aktivität zeigte. Die Titelseiten der Zeitungen spiegeln das deutlich wider. Hier einige Schlagzeilen dieser Woche:

14. Mai: Die Flachdächer New Yorker Stadthotels werden für Kometenparties genutzt; Professor S. A. Mitchell erzählt im New Yorker Dialekt über Aberglauben in Verbindung mit Kometen.

15. Mai: Spekulationen darüber, daß die Erde durch den Schweif des Kometen laufen werde. Artikel über noch lebende Personen, die sich an den Besuch des Kometen 75 Jahre zuvor erinnern.

16. Mai: Europäische und amerikanische Astronomen sind sich darüber einig, daß die Erde keinen Schaden nehmen wird, wenn sie den Schweif des Kometen passiert.

17. Mai: Die Erde wird den 24 Millionen km langen Schweif des Kometen am 18. Mai durchqueren. Hotels bereiten sich auf einen Ansturm von Kometenbeobachtern vor. In Boston heult die Feuersirene, sobald der Komet zu sehen ist. Kommentare der Redaktion über die Kometenangst.

18. Mai: Die Erde wird sechs Stunden brauchen, um den Kometenschweif zu durchqueren. C. B. Harmon lädt Universitätskollegen ein, mit ihm vom Ballon aus den Kometen zu beobachten.

19. Mai: Komet Halley berührt die Erde mit seinem Schweif (so lautete die Schlagzeile der meisten Zeitungen); 350 amerikanische Astronomen hielten Nachtwache; überall furchtvolle oder betende Menschen; viele Kirchen hielten die ganze Nacht über Andachten; die schrecklichen Prophezeiungen vergangener Kometenerscheinungen werden den Menschen ins Gedächtnis zurückgerufen.

20. Mai: Die großen Sternwarten melden der *New York Times*, daß sie den Kometenschweif nun im Osten statt im Westen sehen.

21. Mai: Berechnungen zeigen, daß der Kometenschweif im Abstand von 315 000 km an der Erde vorbeigezogen ist.

Wenn man die Überschriften und Artikel der *New York Times* liest, bekommt man ein Gefühl von der Aufregung, die damals herrschte, insbesondere im Mai 1910. Im folgenden sollen deshalb einige der faszinierenden Ereignisse von 1910 näher betrachtet und anschließend auch jene Begebenheiten untersucht werden, die von früheren Erscheinungen des Kometen Halley bis zurück zum Jahre 240 v. Chr. überliefert sind.

In *Halley's Comet Watch Newsletters*, die von Joseph M. Laufer herausgegeben werden, können wir anhand der dort abgedruckten Zitate aus der *New York Times* nachlesen, wie damals die öffentliche Meinung beeinflußt wurde.

Die früheste ernstzunehmende Meldung erschien am 25. August 1909, etwa acht Monate vor dem Perihel am 20. April 1910. Die

50

Schlagzeile lautete:»Weltweit bemühen sich die Sternwarten, den Halleyschen Kometen zu entdecken.« Im darauffolgenden Monat erschienen fünf weitere Meldungen, einschließlich der folgenden:»Komet in Heidelberg gesichtet«. Die Zeitung brachte vier weitere Meldungen im Oktober und nochmals vier im November, dazu einen ausführlichen Artikel mit Illustrationen in der Sonntagsausgabe vom 5. Dezember. Im Januar 1910 berichtete die *New York Times* insgesamt elfmal von Kometenbeobachtungen aus aller Welt, dazu kamen zwei weitere Beiträge der Redaktion am 25. und 29. Januar. Eine gewisse Furcht machte sich im Februar 1910 bemerkbar, nachdem drei Berichte über den möglichen Niederschlag giftiger Blausäure erschienen waren, die am 11. Februar durch einen Redaktionsbeitrag zu diesem Thema ergänzt wurden.

Eine Meldung vom 9. April besagt:»Der Halleysche Komet wird von vielen Sternwarten gesehen, ist aber noch nicht mit dem bloßen Auge sichtbar.« Der Komet erreichte sein Perihel am 20. April, einem Mittwoch. Die Zeitungsmeldung trug die Überschrift:»Sternwarten berichten, daß der Komet näher kommt; er wurde in Curaçao mit dem bloßen Auge gesehen.« Am 23. April erschien folgende Notiz:»Frauen und Ausländer schreiben die Dunkelheit über Chicago dem Kometen zu; einige Menschen werden hysterisch.« Am selben Tag machte ein Leserbrief darauf aufmerksam, daß es eine seltsame Parallelität zwischen Mark Twains Leben und den Erscheinungen des Kometen Halley gibt. (Twain wurde bei Halleys letztem Erscheinen 1835 geboren und starb am 21. April, dem Tag nach dem Perihel 1910.)

Am 24. April heißt es in einer Meldung, daß durch den Kometen die Nachfrage nach Fernrohren in New York deutlich zugenommen habe. In den letzten Apriltagen erschienen immer mehr Berichte über den Kometen. In jeder Ausgabe des Monats Mai, außer in denen vom 2. und 5., finden sich Artikel zum Halleyschen Kometen. Am 1. Mai wurde berichtet, daß die Nachfrage nach Fernrohren für die Kometenbeobachtung zu einem Ausverkauf dieser Artikel in New York City geführt habe. In einem Vortrag, am 5. Mai abgedruckt, beruhigte Prof. H. Jacoby die Bevölkerung, er sehe keine Gefahr für einen möglichen Zusammenstoß des Kometen mit der Erde. Zu diesem Zeitpunkt hatte die *New York Times* eine Reporterin abgestellt, um ausschließlich die aktuellen Kometennachrichten zu liefern. Miss M. Proctor schrieb in den nächsten Wochen, in denen der Komet über New York zu sehen war, zahlreiche Meldungen und Artikel.

Diese vielleicht banal erscheinenden Anmerkungen geben einige Hinweise auf die erstaunlichen Reaktionen der Menschen im Zusammenhang mit dem Kometen in der ganzen Welt. 1910 gab es für Millionen »Normalbürger« einen zweifachen Grund, mit in den emotionalen Mahlstrom des Halleyschen Kometen gerissen zu werden. Zum ersten brachten alle Massenblätter ausführliche Berichte über die für den 20. April erwartete größte Annäherung des Kometen an die Sonne, erstmalig auch mit Fotografien des Kometen; zum zweiten löste die frühzeitige Meldung, daß die Erde einen Monat später, genau am 18. Mai, durch den Schweif des Kometen laufen werde, unter der Bevölkerung eine Welle von Angst aus. Das Ergebnis waren wilde Spekulationen von Fachleuten und Laien über mögliche Folgen wie z. B. die Bildung explosiver Gasgemische, das Auftreten von Meteorschauern und schrecklicher elektrischer Ströme, den Zusammenstoß der Erde mit dem Kometen, die Vergiftung von vielen Millionen Menschen durch Cyan (Blausäure) und Cyaniden aus dem Schweif des Kometen oder gewaltige Leuchterscheinungen in der oberen Atmosphäre, durch die alle Beobachter erblinden könnten. Nicht zuletzt wurden darin Vorzeichen für alle möglichen Katastrophen gesehen.

Die meisten Zeitungen versuchten ernsthaft, die Menschen zu beruhigen, aber die allgemeine Aufregung konnte nicht gemindert werden. So wurde aus Milwaukee, USA, berichtet, daß während des ganzen »verhängnisvollen Achtzehnten« Tausende in wilder Panik noch ihr Testament machen wollten und die Bars, Restaurants, Hotels und Geschäfte fast alle leer waren, weil die Leute zu Hause bei ihren Lieben bleiben wollten... für alle Fälle! Überall kamen Familien zusammen, wie es sonst nur bei besonderen Anlässen wie Geburt, Heirat oder Sterbefällen üblich ist.

Eine große Zahl von Selbstmorden wurde dem drohenden Ereignis zugeschrieben und eine unglückliche Frau durch religiöse Halluzinationen verrückt, da sie vorauszusehen glaubte, daß der Komet die Welt zerstören werde. In einem Teil der USA montierten die Farmer die Blitzableiter von ihren Häusern ab, weil sie glaubten, daß diese den Kometen anziehen würden. Mehrere Mädchen einer Vorstadt Milwaukees vergruben ihre Liebesbriefe, um ihre Liebesgeheimnisse sicher verwahrt zu wissen, falls sie sterben sollten. Überall gab es Versammlungen zu Gebeten. Die Menschen am Lake Superior verließen vorsichtshalber ihre Häuser, falls der Zusammenstoß mit dem Kometenschweif eine Flutwelle hervorrufen sollte.

Die folgenden Schlagzeilen und gekürzt wiedergegebenen Berichte aus Zeitungen der ganzen Welt zeigen die merkwürdige menschliche Reaktion auf tragische und komische Ereignisse oder ungewöhnliche Zufälle, die in der einen oder anderen Weise mit dem Kometen in Verbindung gebracht wurden.
Einige Auszüge aus Maiausgaben der *Washington Post* zeigen ganz ungewöhnliche Beispiele von Tragödien und den Folgen menschlicher Angst:
»Von Selbstmorden aus Furcht vor der Ankunft des Halleyschen Kometen ist schon berichtet worden, aber heute hat die 25jährige Bessie Bradley, die als Hausmädchen in Hastings-on-Hudson angestellt war, Selbstmord begangen, weil sie glaubte, der Komet werde nicht kommen.
Die junge Frau wurde von den widersprüchlichsten Nachrichten, was der Komet anrichten könne und was nicht, völlig verwirrt. Als sie letzte Nacht nichts von einem Kometen sehen konnte, wurde sie so nervös, daß sie nicht schlafen konnte. Erst gegen Morgen ist sie in ihr Zimmer gegangen. Andere Hausangestellte, die sie zum Mittagessen holen wollten, fanden sie tot im Bett. Sie hatte den Gashahn aufgedreht.«
»Miss Kate Van Ness (40) mußte heute von dem Konstabel Harry Dawson aus Hackensack in die Irrenanstalt von Morris Plains gebracht werden. Die unglückliche Frau wurde das Opfer eines

Nervenzusammenbruchs, den sie wegen der Aufregung um den Kometen erlitt. Während der ganzen Fahrt nach Morris Plains faselte sie ständig davon, daß sie dem Kometen folgen werde, egal, wohin dieser gehe.«

»Die farbige Millie Morris gehörte zu einer Gruppe von Leuten, die sich letzte Nacht auf der Brücke über dem Rappahannock-Fluß eingefunden hatten, um den Kometen zu beobachten. Sie stieß einen Freudenschrei aus, als sie den Kometen deutlich sehen konnte, und fiel tot um.«

»W. J. Lord aus Alabama befindet sich in einem erbärmlichen Zustand, nachher er viermal vergeblich versucht hat, Selbstmord zu begehen. Die Nähe des Halleyschen Kometen hat wohl seinen Sinn so sehr verwirrt, daß die Leute glauben, er habe sich gegen den Heiligen Geist versündigt. Man sagt, daß Lord zunächst versucht habe, sich zu erschießen. Als er damit keinen Erfolg hatte, ist er von einem Dach gesprungen, fiel auf den Kopf, schlug sich alle Zähne aus und zog sich eine Reihe weiterer Verletzungen zu. Er versuchte dann, sich die Gurgel durchzuschneiden und sprang auch noch in einen Brunnen.«

»Talladega, Alabama: Die Erscheinung des Kometen in dieser Nacht hat hier für riesige Aufregung gesorgt. Die Gläubigen verließen in vielen Kirchen ihre Sitze und versammelten sich zu Hunderten auf dem Marktplatz, wo sie den himmlischen Besucher anstarrten. Miss Ruth Jordan, Tochter eines Farmers, der zwei Meilen von hier entfernt lebt, wurde vor die Tür des Hauses gerufen, um den Kometen zu bewundern, und fiel plötzlich tot um. Ärzte haben einen Herzfehler als Ursache diagnostiziert.
Einem unbekannten Schwarzen wurde an der Rampe des Lagerhauses der Komet gezeigt, worauf er tot zu Boden sank.«

»James Kline, ein Schwarzer, der als Schaffner in einem Pullmanwagen arbeitete, wurde in das Somerset-Landesgefängnis von New Jersey eingewiesen, weil er tobsüchtig und verrückt geworden ist. Voller Angst und Schrecken wartete er fünf Tage lang auf den Untergang der Welt durch den Kometen. Heute morgen rannte Kline fast nackt in der Hauptstraße an einem Polizisten vorbei und schrie, daß seine Schwiegermutter und der Schweif des Halleyschen Kometen ihn verfolgten. Als ihn der Polizist anbrüllte, blieb Kline plötzlich stehen und begann zu beten. Er war nie betrunken und immer arbeitsam. Ungefähr eine Woche zuvor war er durch das Schwarzenviertel gegangen und hatte alle seine Brüder aufgefordert, sich auf das Ende der Welt vorzubereiten.«

»Pittsburgh, Pennsylvania: 18 Pastoren aus Pittsburgh zählten Tag für Tag die Kirchenbesucher und meldeten einen Anstieg von 30% innerhalb der letzten zwei Wochen. Man sah viele Leute, die schon Jahre nicht mehr in der Kirche waren, wieder auf den Bänken sitzen. Eine Ursache für diesen Anstieg konnte nicht sofort gefunden werden. Nach gründlicher Diskussion meinte die Mehrheit der Pastoren, daß der Reverend F. A. Wright, Pastor der Vierten Christlichen Kirche, dafür direkt verantwortlich sei. Drei Wochen vorher hatte Dr. Wright verkündet, daß der Halleysche Komet ein Vorbote für die zweite Wiederkunft Christi sei. Die Leute haben diese Vorhersage wohl ernst genommen.«

»San Bernardino, Kalifornien: Während er sich über die möglichen bösen Folgen des Kometenbesuches den Kopf zerbrach, ist Paul Hammerton, ein Schäfer und Goldsucher, offenbar verrückt geworden und kreuzigte sich selbst. Das berichteten jedenfalls Bergleute, die gestern mit ihm hier ankamen. Hammerton war mit beiden Füßen und einer Hand an einem groben Holzkreuz angenagelt, als sie ihn fanden. Obwohl er unter sehr starken Schmerzen litt, bat er seine Retter, ihn am Kreuz hängen zu lassen. Schon seit dem Besuch eines früheren Kometen im Jahre 1910 war Hammerton sehr beunruhigt, und als er erfuhr, daß die Erde durch den Schweif des Halleyschen Kometen laufen werde, setzte sein Verstand aus. Er glaubt, daß uns das Ende der Welt bevorsteht.«

»Pitcher, New York: Der gestrige Freitag, der 13., war für den Farmer Amos Rhoades kein Unglückstag, denn an diesem Morgen brachte eine seiner besten Dorsetshire-Kühe vier gesunde Kälber zur Welt. Zwei von ihnen zeigen sternförmige Markierungen auf der Stirn, und das Milchmädchen meinte, daß dies vom Kometen Halley komme.«

Die *Chicago Tribune* brachte am 17. Mai 1910 einen Bericht aus Paris, der zeigen sollte, wie dort der Komet für alles verantwortlich gemacht wurde:

»16. Mai, Paris: Das Bicetre-Hospital war heute Schauplatz einer schrecklichen Explosion. Die Wände und Treppen wurden schwer beschädigt. Die Patienten, alles ältere Leute, waren der festen Überzeugung, daß der Komet die Erde getroffen habe. Voller Panik rannten sie zu den Ausgängen. Nur mit viel Mühe konnten sie wieder zurückgebracht werden.

Eine Untersuchung zeigte, daß ein Krankenwächter die Explosion verursacht hatte, als er mit Nitroglyzerin experimentierte. Er fand dabei den Tod. Der Mann war von der Idee besessen, ein Erfinder zu sein. In dem Raum gab es ausreichend explosive Stoffe, um ganz Paris in die Luft zu jagen, aber sie entzündeten sich nicht, als das Nitroglyzerin explodierte.«

Andere bizarre Geschichten fanden wir im *New York American.* So z. B. die folgenden:

»Michael Sweeney, wohnhaft in der 21. Straße Ost, Nummer 204, erklärte, er sei für immer von Kometen bedient. Letzte Nacht hatte er auf dem Nachhauseweg seinen Lohn von $ 27,50 in der Manteltasche. Während er die Hauptstraße überquerte, wurde er auf einige Männer aufmerksam, die aus den Fenstern des Anawanda-Clubs schauten. Er hörte, wie sie die anderen Leute auf der Straße auf Halleys Kometen aufmerksam machten.

›Ich schaute die Straße auf und ab‹, sagte Sweeney später Captain Surfeind in der Polizeistation der 22. Straße Ost, ›weil ich dachte, daß irgend etwas kommen werde. Dann sah ich einige Kinder, die sich Karten anschauten, und ich wußte, daß dies für einen Steinmetz völlig uninteressant sein würde. Zu Hause angekommen, bemerkte ich, daß meine Tasche aufgeschnitten war und mein Geld fehlte... Dies hat sicherlich der Halleysche Komet getan, denn ich wohne schon seit 50 Jahren im Gashaus-Bezirk und habe niemals zuvor auch nur einen Cent verloren‹, war sein letzter Kommentar, als er mit zwei Detektiven loszog, auf der Suche nach seiner Brieftasche und dem Kometen.«

»Woodbury, New York: Wenn jemand in Zukunft den Kometen sehen möchte, braucht er nicht mehr die ganze Nacht über aufzubleiben, denn Bürgermeister Ladd hat die Polizei angewiesen, auf den Himmelsbesucher zu achten, und sobald er zu sehen ist, diejenigen anzurufen, die geweckt werden möchten. Bei einem Dutzend Familien klingelte heute morgen um 3 Uhr das Telefon, als der Komet aufging. ›Aufgewacht, und schauen Sie sich den Kometen an!‹, meldete sich der Anrufer.«

»In Wien: ist eine lustige Geschichte bekannt geworden, in der berichtet wird, in welcher Weise sich die Bewohner eines kleinen ungarischen Dorfes auf das Ende der Welt vorbereiten. In diesem Dorf im Theiss-Tal erwarten die Leute schon seit Wochen den Weltuntergang. Sie glauben, daß Halleys Komet den ganzen Erdglobus in Stücke reißen wird.

Vor einigen Tagen war gegen Mitternacht ein großes Feuer im Nachbardorf ausgebrochen. Der Nachtwächter sah den hellen Schein am Himmel, rannte dann durch die Straßen, stieß in sein Horn, um die Leute aufzuwecken, und rief: ›Der letzte Tag ist gekommen!‹ Die Menschen stürzten halb angezogen aus ihren Häusern, um im Freien zu sterben. Die Männer zitterten, die Frauen kreischten und die Kinder heulten. Was dann folgte, steht ganz im Gegensatz zu dem, was man in Dichtungen oder Romanen liest, wenn dort Menschen vom Tode bedroht sind: Die einfachen Bauern dachten zunächst nur daran, alle Vorräte aus dem Dorf aufzuzehren. Auf dem Marktplatz wurde vor der Kirche ein großes Feuer entzündet. Die Leute brachten aus ihren Häusern Essen und Trinken dorthin. Alle beteiligten sich an der Freßorgie, wobei sie zwischen den einzelnen Bissen hastig beteten, um ihre Seelen zu retten.«

»Mehrere Farmer aus Towaco, New Jersey, beklagten sich über den Verlust von Hühnern, die ihnen gestern früh gestohlen wurden, als sie und ihre Familien auf der Spitze des Waukhaw-Berges auf Halleys Komet warteten.

Gestern erklärte Nehemiah Doolittle, daß am Donnerstagnachmittag zwei gut angezogene junge Männer, die sich als Wissenschaftler ausgaben, durch Towaco gefahren sein sollen und dabei die Nachricht verbreitet hätten, daß der Komet am Freitag um 3 Uhr morgens der Erde am nächsten komme. Er sei dann sehr hell, und sein Schweif wäre in voller Länge sichtbar.

Sie boten Zehn-, Fünf- und Zweieinhalb-Dollarstücke in Gold für die besten Beschreibungen des Kometen an.

Gegen 2 Uhr morgens waren gestern alle Leute von Towaco auf dem Berg. Sie konnten nicht einen Schimmer vom Kometen sehen. Dafür wurde während ihrer Abwesenheit fast jeder Hühnerstall in Towaco geplündert.«

Die weltweite Beachtung des himmlischen Phänomens wird in dem Einleitungssatz einer Kometengeschichte in der Londoner *Daily Mail* im Mai deutlich:»In allen Teilen der Erde ist Halleys Komet gegenwärtig ein Objekt von einzigartigem Interesse.« Unter der Schlagzeile»Mademoiselle Halley« berichtete der Pariser Korrespondent dieser Zeitung:

»In Paris war es in der Nacht vom Mittwoch überall Mode, Kometensoupers zu geben. Man erwartete, den Halleyschen Kometen deutlich über den Pariser Boulevards sehen zu können.

Schon Tage zuvor hatten Händler Hunderte von Postkarten verkauft, die mit der Ankunft von ›Mademoiselle Halley‹, wie der Komet scherzhaft genannt wurde, das Ende der Welt illustrierten. Überall wurden Stecknadeln und Broschen in Form des Kometen mit seinem Schweif verkauft, ebenso Sonderausgaben von Zeitungen, die Parodien auf all die eingebildeten Katastrophen in Verbindung mit dem Sternenbesucher enthielten. Die Zeitungen veröffentlichten aber auch umfangreiche Details von Beobachtungen des Kometen, die in Frankreich und anderen Ländern gemacht wurden.«

Edmond Halley wäre vielleicht gar nicht überrascht gewesen, wenn er schon damals gewußt hätte, daß die Pariser seinen Kometen als »Mademoiselle« bezeichnen. Er war ein weitgereister Mann und kannte auch Frankreich recht gut. Halley hätte sicherlich Verständnis dafür gehabt, daß die typischen Charakteristika eines Kometen, seine langen, feinen »Haare« und seine leuchtende, anziehende Wirkung, ihm weibliche Merkmale einräumen. Aber auch die Wankelmütigkeit einer Frau ist in einem späteren Artikel desselben Pariser Korrespondenten dem Kometen zugeschrieben worden. Unter der Überschrift »Enttäuschung in Paris« berichtete er:

»Ganz Paris ist über den Kometen verärgert. Anstatt letzte Nacht am Himmel strahlend und herrlich zu leuchten, brachte ›Mademoiselle Halley‹ einen strömenden Regenguß, der von Gewittern begleitet war und den Himmel verhüllte, so daß nichts vom Kometen zu sehen war. Ballonaufstiege mußten abgesagt werden, und die tatkräftigen Pariser, die auf der Spitze des Eiffelturms die Nacht verbrachten oder die steilen Stufen von Sacre Cœur auf dem Montmartre erstiegen, hatten die Mühen vergebens auf sich genommen.«

Die Zeitungen berichteten auch von einer »lustigen Nachtwache in Madrid« mit »einem unaufhörlichen Strom von Leuten, die durch die Straßen drängten. Sie suchten höhergelegene Stellen auf, um den Kometen zu beobachten, der allerdings nicht gesehen werden konnte, da der Himmel bedeckt war. In dieser allgemeinen Fröhlichkeit tauchten aber auch einige komische Gestalten auf. In dem Gedränge sah man eine Reihe von Astrologen mit einer unvermeidlichen Schar von Gaffern im Anhang. Die Astrologen trugen lange Spitzhüte und schwarze Umhänge sowie schwachleuchtende Fackeln und waren mit langen Meßinstrumenten bewaffnet, mit denen sie zweifellos die Größe des geheimnisvollen kosmischen Körpers zu bestimmen trachteten. Meldungen aus allen Teilen Spaniens besagen, daß die Leute überall den Vorbeiflug des Kometen mit großer Begeisterung feiern.«

Auch in Italien ging es lebhaft zu; so wurde zum Beispiel aus Rom berichtet, daß dort die Cafes und Restaurants 24 Stunden am Tag offen blieben, wie es sonst nur zu Silvester der Fall ist. Die aktuellen Berichte aus aller Welt zeigen, wie auch die Meldungen aus Rom, daß neben vielen Tausend Menschen, die dem Kometen mit Furcht und bösen Vorahnungen begegneten, es auch Tausende gab, die ihn als willkommenen Anlaß für ausschweifende Feste nahmen. So berichtete die *Frankfurter Zeitung* am 21. Mai wie folgt über die »Kometennacht« in Italien: »Nicht alle Italiener kannten und beherzigten das Wort von Malpertuis: ›Die Kometen sind, nachdem sie so lange der Schrecken der Welt waren, plötzlich so in der Achtung gesunken, daß man sie kaum noch für fähig hält, uns einen Schnupfen beizubringen.‹ Hier herrschte nämlich, wie schon telegraphisch gemeldet, in den letzten Tagen große Panik, wie Priester und Apotheker bestätigen können...

Bis halb zwölf in verflossener Nacht zeigte die Stadt das übliche Nachtbild. Selbst in den Volksquartieren, die ich durchstreifte, war es still. Anders war es in Trastevere. Hier waren die Kneipen, die etwa denen von Frankfurt-Süd (Sachsenhausen a. D.) entsprechen und in denen es noch die Sechzigglas-Helden gibt, stark gefüllt.

Gegen zwölf Uhr ward's auf den Straßen lebendig... Hier und da flackerten Fackeln und bengalische Flammen auf, auch Magnesiablitze für improvisierte photographische Aufnahmen. Dann erschienen Prozessionen von Spottvögeln, die ›De profundis‹ sangen, dazwischen erschollen Trinklieder. Kurz, man vergnügte sich... In der Stadt aber war kein Terrassendach leer.

Auch in Neapel hieß es fälschlich, daß alle Kirchen geöffnet würden. Dort nahm die Panik allerlei fromme Formen an. Sehr viele Bürger hatten durch den Empfang der Sakramente ihre Seele gereinigt, in der Unglücksnacht verrammelten sie aber doch Fenster und Türen, verstopften auch alle Ritzen und Schlüssellöcher, damit das Kometengas nicht eindringen könne. Um so stärker war die Aufregung, als ein Witzbold auf dem Toledo bittere Mandelessenz verschüttete; denn der scharfe Geruch verkündete die ›Katastrophe‹... Nach und nach entwickelte sich ein singender, klingender Sommerkarneval. Als der Komet unsichtbar blieb, wurde er, wie auch in Rom, ausgepfiffen.

In Trani (Apulien) gab es Schreckensszenen, weil das Dach einer Kinematographenbude mit Steinen bombardiert wurde und die Besucher das als kosmisches Asteroidengeprassel aufnahmen...

Aber auch die Theater waren besetzt von Leuten, die sich ›zum letzten Mal amüsieren‹ wollten. Nirgends wurde aber die Ruhe gestört, auch in Neapel nicht, wo vor einigen Tagen Mitglieder der Verbrecherzunft eine Kometenpanik hervorrufen wollten, um die Einwohner zur Flucht aus den Häusern zu veranlassen und so Operationsfelder zu finden.«

Es gab gesellschaftliche Ereignisse jeder Art: Die Menschen gründeten Kometenclubs, veranstalteten Kometentänze, Kometenguckerparties und Ausflüge zum Beobachten des Kometen. Es gab sogar einen richtigen Kometencocktail zum Trinken. Man kann sich gut vorstellen, daß ein guter Schluck Wermut mit einem Schuß starken Apfelschnapses auf Eis ein wahrer »Rachenputzer« war.

Ein Artikel in der *Daily Mail* (von ihrem New Yorker Korrespondenten) zeigt die Stimmung in den Vereinigten Staaten:
»Ganz Amerika liest, spricht oder scherzt nur noch über den Halleyschen Kometen. Besonders beliebt sind Kometenparties. Die Hoteldächer sind nachts mit Menschen überfüllt. Die Festlichkeiten dauern oft bis zur Morgendämmerung an. Meistens waren aber die späten Nachtstunden so bewölkt, daß der himmlische Besucher nur selten gesehen werden konnte. Viele Leute geben in den großen Hotels auf den Dächern Frühstücksparties mit entsprechender musikalischer Begleitung. Bei ein oder zwei besonders exklusiven Veranstaltungen bekam sogar jeder geladene Gast ein kleines Silberfernrohr als Andenken geschenkt.
Jeden Morgen vor Sonnenaufgang kann man Gruppen von Schulkindern mit ihren Aufsichtspersonen im Central Park sehen, wie sie in die Sterne schauen. Der Bürgermeister von Middletown, Connecticut, hat eine städtische Verordnung erlassen, nach der an jedem wolkenlosen Morgen die Feuersirenen um 2.30 Uhr heulen sollen.
Eine New Yorker Zeitung fragte mehrere populäre Persönlichkeiten, was sie tun würden, wenn sie ganz sicher wüßten, daß in drei Tagen der Halleysche Komet die Erde zerstören werde. Mr. de Wolf Hopper antwortete darauf, daß er sofort das schnellste Flugzeug chartern würde, um sich die kommende Katastrophe von oben aus ansehen zu können.

Die Schauspielerin Nora Bayes, die das zur Zeit in Amerika popu-
lärste Lied ›Hat jemand Kelly gesehen?‹ singt, sagte: ›Ich würde
sofort aufhören, irgend etwas anderes zu tun, und mich dicht bei
meinem Mann aufhalten. Wenn dann die Zeit kommt, lege ich
meine Arme um seinen Nacken, und dann würde ich mich nicht
ängstigen, wenn uns der Komet tötet.‹«

Im April/Mai 1910 veröffentlichte der Cincinnati *Enquirer* eine
Serie mit Angaben zum Kometen und zu dessen Beobachtung.
Die dort publizierten Nachrichten waren entweder trivial oder
sensationell aufgebauscht, so daß sie die Kometenhysterie weiter
anheizten. Ein ganz schlimmes Beispiel dafür enthält der folgende Bericht, der insbesondere im letzten Kapitel die schreckliche
Prophezeiung des Ersten Weltkriegs enthält.

»Der Schweif des Kometen. Färbte sich rot, als König Edward
starb – Verstörte Neger auf den Bermudas. Sonderdepesche für
den Enquirer: Das Dampfschiff ›Bermudian‹ meldet am 8. Mai
über Funk. Freitag nacht, in der Todesstunde von König Edward
und der Thronfolge von König George, wurde ein bemerkenswer-
tes Phänomen von den Bermudas aus beobachtet und von einem
Naturwissenschaftler registriert.

Der Halleysche Komet, der gegen 2 Uhr morgens sichtbar wurde,
färbte sich im Schweif deutlich rot. Um 2.30 Uhr hörte man im
Zweiminutenabstand von der Festung in der Nähe der Stadt Ha-
milton insgesamt 101 Salutschüsse für den neuen König George.
Genau um 3.52 Uhr morgens, als der letzte Salutschuß verhallte,
flammte der Kometenschweif an seinem Ende rot auf. Der Kopf,
der nun auch deutlich zu sehen war, leuchtete wie ein roter
Feuerball. Dieses Phänomen dauerte nur etwa fünf Minuten,
wurde aber von vielen Negern beobachtet, die auf den Docks das
Dampfschiff ›Bermudian‹ beluden. Sie weigerten sich, weiterzu-
arbeiten, fielen auf die Knie und beteten. Ist dies ein Zeichen für
einen Krieg während der Regentschaft von König George? Wird
ein großes Unglück über die Erde hereinbrechen? Am 11. und 18.
des Monats kamen jeweils sehr viele Wissenschaftler zu den Bermudas, um von diesem am meisten bevorzugten amerikanischen
Standort den Kometen zu beobachten.«

Kurz darauf findet sich folgender Bericht:

»Kometen-Pillen. Alter ›Voodoo-Doktor‹ verkaufte sie an Neger auf Haiti. New York, 16. Mai. Was immer der Komet auch anrichten mag, die Neger aus Port-au-Prince auf Haiti sind vorbereitet. Sie fühlen sich sicher, da sie sich mit Kometen-Pillen gut eingedeckt haben.

Kometen-Pillen sind ganz neu in der Medizin. Die Nachricht von ihrem erstmaligen Auftauchen kam von dem Hamburg-Amerika-Linienschiff ›Allegheny‹, das heute aus Port-au-Prince kommend einlief. Die Offiziere der Besatzung sagten, daß dort alle schwarzen Packer, Landarbeiter der Umgebung, Diener und Knechte, Händler, Bettler und Diebe zur Hütte eines zänkischen alten Voodoo-Doktors laufen, um ihm die Kometenpillen abzukaufen, so schnell er sie nur herstellen kann.

Nach der Anordnung des Doktors soll, sobald sich der Komet wieder von der Erde entfernt, jede Stunde eine Pille genommen werden. Aber viele der Patienten wollen sichergehen und schlucken jede halbe Stunde eine der Pillen. Der Doktor verrät niemandem die Zusammensetzung seiner Arznei und wird durch deren Verkauf immer reicher.«

Dieses Geschehnis hat auch anderweitig die Herstellung von Kometen-Pillen angeregt, allerdings in einem löblichen Sinne: um nämlich Gelder für das New-Jersey-Museum aufzubringen.

Die vielleicht düsterste Geschichte, der viel Horror und Spuk beigemengt ist, erzählt von einem wunderhübschen Mädchen aus Oklahoma. Sie wurde in letzter Minute von einem Polizeiaufgebot gerettet, als sie gerade in einer blutigen Zeremonie als Buße zur Vergebung der Sünden in dieser Welt geopfert werden sollte. Eine entsprechende Meldung besagt, daß eine gewisse Jane Warfield (16 Jahre alt) von einer Gruppe religiöser Fanatiker, die sich selbst die »Auserwählten Anhänger« nannten, »geopfert« werden sollte. Ihr Anführer behauptete, er habe »eine Offenbarung Gottes empfangen, nach der das Ende der Welt am 18. Mai 1910 bevorstehe, und der Himmel werde zusammenstürzen, wenn er in Berührung mit dem Schweif des Kometen kommt; um die Welt zu retten, sei das Blutopfer einer Jungfrau notwendig.« Das Mädchen war in fleckenloses Weiß gekleidet und trug einen Kranz von weißen Blumen um ihren Kopf. Sie war an den Händen gefesselt, und der Sektenführer stand mit einem langen, scharfen Jagdmesser vor ihr, zum tödlichen Stich bereit, als die Polizei gerade noch rechtzeitig eintraf.

Diese Geschichte ist allerdings kaum glaubwürdig; obwohl sie von vielen Zeitungen der USA mit unterschiedlichen Versionen der Grausamkeiten abgedruckt wurde, fällt auf, daß die lokale Zeitung, in deren Bereich sich das dramatische Ereignis zugetragen haben soll, nichts davon vermerkt hat.

Die Schlagzeilen anderer Meldungen zeigen weitere Reaktionen auf das Erscheinen des Kometen.

»Der Komet ist hier, schrie eine Frau aus Dayton, als sie mit ihrem Auto in eine Schar Hühner fuhr.«

»New Orleans. Viele Leute suchen Plätze auf, wo sie Schutz zu finden glauben, und rufen um Vergebung oder beten kniend.«

»Munitionsfabriken bleiben geschlossen, weil befürchtet wird, die Kometengase könnten zu einer Explosion führen.«

»In Chicago drängen sich die Fremden in den Kirchen. Andere haben sich in ihre Keller eingeschlossen.«

»In Atlanta verweigern die Schwarzen die Arbeit, weil sie befürchten, daß der Komet die Erde zerstört.«

»Komet verhindert Trauungen. Ein Standesbeamter aus Chicago sagt, daß es zur Zeit nur noch wenige Eheschließungen gibt, da die jungen Paare nicht mehr heiraten wollen, da sie mit dem Untergang der Welt rechnen.«

»Der Komet ist schuld an der geistigen Verwirrung eines Mannes aus Ohio, der ihn am Himmel beobachtet hat.«

»In Kentucky fielen während eines Regenschauers Glasbälle vom Himmel. Der Komet wird für dieses Phänomen verantwortlich gemacht.«

Eine überaus menschliche und amüsante Geschichte handelt von einigen dreisten Voyeuren. Vor nicht allzu langer Zeit sagte man zu verliebten Leuten, die miteinander flirteten, sie seien wie »Turteltauben«. Deshalb hatte diese Geschichte die Überschrift: »Komet vergessen, als Dorfbewohner durch ein Fernrohr ›verliebte Turbeltauben‹ auf einem Hügel entdeckten.« Das geschah in Buffalo, New York, am 13. Mai und trug sich wie folgt zu: »Der Komet wurde auch in einem kleinen Nachbarort von Growanda gebührend beachtet.« [Der Bericht wird dann im Inneren der Zeitung fortgesetzt und trägt dort die Überschrift »Flirt«.] »Einige unverzagte Bewohner des Dorfes schauten früh am Morgen durch das große Fernrohr, das extra zum allgemeinen Gebrauch angeschafft wurde. Aber nicht der Komet fand ihre Beachtung, sondern das Treiben auf dem Hügel oberhalb des Dorfes, was nicht weniger interessant war, wie wenn der Komet vom Himmel gefallen wäre.

Eine Gruppe bekannter Leute aus dem Dorf schaute gerade durch das Fernrohr, als der Apparat zufällig in Richtung zum Hügel zeigte. Da konnten sie in der Optik ein ihnen gut bekanntes junges Paar sehen, das sich zärtlich umarmte. Sofort entschlossen sich die älteren Leute hinter dem Teleskop, die Suche nach dem himmlischen Objekt aufzugeben und nach irdischen Körpern Ausschau zu halten. Zum Vergnügen aller konnten noch sechs weitere Szenen dieser Art mit dem Fernrohr entdeckt werden.

Aus Growanda wird nun berichtet, daß die Dorfbewohner über diese Beobachtungen der Amateurastronomen sehr beunruhigt sind. Es wird sogar behauptet, daß in Zukunft Ehescheidungsprozesse nicht ausgeschlossen sind, wenn der eine oder andere beim heimlichen Stelldichein entdeckt wird.«

Angemerkt werden muß, daß im Januar 1910 urplötzlich ein anderer, »neuer« Komet auftauchte. Er war sogar so hell, daß er gelegentlich mit bloßem Auge am Tage zu sehen war. Am 16. Januar in Johannesburg, Südafrika, von zwei Astronomen namens Worssell und Innes entdeckt, konnte er schon am 18. Januar von Rom und Wien, in den folgenden Tagen dann auch von Deutschland aus gesehen werden. Nachträglich wurde bekannt, daß drei Bahnbeamte im Oranje-Freistaat, Südafrika, den Kometen bereits am 15. Januar gesichtet hatten.

Es ist gut möglich, daß sich in der Erinnerung vieler Menschen die (weitaus glanzvollere) Erscheinung dieses Kometen mit der des Halleyschen Kometen vermischt hat. Es kann im übrigen festgestellt werden, daß Kometen, die lange vorher angekündigt wurden, ein Vielfaches an öffentlicher Beachtung erfuhren und an Beunruhigung auslösten als plötzlich aufgetretene, erheblich hellere Schweifsterne.

Frau Olga Fricke hat in der *Schaumburger Zeitung* vom 4. April 1985 von ihren Beobachtungen des Halleyschen Kometen 1910 berichtet. Die damals 12jährige beobachtete ihn von Hagenbecks Tierpark aus und erinnert sich wie folgt:

»Der Komet hat alles überstrahlt. Er tat richtig in den Augen weh... Viele Hanseaten verjubelten damals ihr Geld beim Tanzen und in den Kneipen, betranken sich, flüchteten aus der Stadt oder zogen in den Keller. Sie haben geglaubt, der Komet falle genau in den Hafen.« Einige hätten sich sogar das Leben genommen, berichtet Frau Fricke. Findige Bürger vermieteten ihre Wohnungsfenster zur Beobachtung des Kometen. Ganz Hamburg sei durch den Schweifstern taghell erleuchtet gewesen.

Dies ist zweifelsohne eine drastische Überhöhung kindlicher Erinnerungen, vermittelt aber einen authentischen Eindruck von der Kometenhysterie selbst bei den angeblich kühlen Hanseaten. Ein anderer Bericht stammt von der Kölner Schriftstellerin Ria Wordel (Jahrgang 1894), die sich im Januarheft 1982 der astronomischen Zeitschrift *Sterne und Weltraum* erinnert:

»Unheil lag in der Luft. Die Leute gingen meistens nachdenklich und sichtbar bedrückt umher. Tagesgespräch Nummer 1 in den Tante-Emma-Läden war: der Halleysche Komet. Meine gute Mutter, 1850 geboren, verging fast vor Angst, denn sie war fest überzeugt: ›Das gibt ein furchtbares Unglück. Wenn der Komet irgendwo abstürzt, platzt die ganze Welt auseinander. Also halten wir uns aneinander ganz fest und bleiben ruhig mitten im Wohnzimmer sitzen, denn wenn der Schweif an die Fenster knallt, gehen diese sofort kaputt, und das ganze Haus fliegt in die Luft‹...

Ich glaubte eigentlich nicht an so einen Quatsch, obwohl ich im Innersten doch ein wenig Bammel hatte. Aber die Neugier obsiegte, und ich beschloß zum Entsetzen meiner lieben Mutter, mir den Kometen anzuschauen. Die Gefahr, ›blind‹ zu werden, nahm ich dabei in Kauf...

Und dann kam der Komet! Leider habe ich den genauen Tag im Monat Mai vergessen. Meine Mutter saß ›mitten im Zimmer‹ mit geschlossenen Augen und betete andächtig den Rosenkranz. Ich schaute zugegeben klopfenden Herzens zum Fenster hinaus und sah plötzlich eine längliche, sehr helle Lichterscheinung mit einem Schweif, der wie ein angehängter Nebel aussah – ziemlich undeutlich und verschwommen. Diese Erscheinung verschwand dann auch sehr schnell, so rasch, wie sie aufgetreten war.

Nun muß ich sagen, daß dieser Halleysche Komet für mich eine große, einschneidende Enttäuschung war. Ich hatte zwar kein Wort von all den Hiobsbotschaften und Unheilsängsten geglaubt, aber anders hatte ich mir doch (und auch meine Mitschülerinnen) dieses Weltwunder vorgestellt. Ich war fest überzeugt, so einen Schweifstern zu sehen, wie wir ihn von Bildern, Reliefs und Skulpturen als Stern von Bethlehem kannten – einen großen, strahlenden, gezackten Stern mit einem vom Himmel zur Erde reichenden taghellen Schweif. Das, was wir gesehen hatten, war dagegen gar nichts.«

Auch in Berlin ging es turbulent zu. »Kempinski« veranstaltete eine Kometenparty, und die beiden 1910 schon bestehenden Volkssternwarten, »Urania« und die Treptower Sternwarte, verzeichneten Massenandrang. Der Direktor der Treptower Sternwarte, Dr. F. S. Archenhold, veröffentlichte sogar eine Schrift mit dem bezeichnenden Titel: *Kometen, Weltuntergangsprophezeiungen und der Halleysche Komet.* Darin klärte er seine Leser sachlich über die zu erwartenden (bzw. nicht zu befürchtenden) Phänomene im Zusammenhang mit der Kometenerscheinung auf. Ein besonderes Kapitel befaßt sich mit den Begleiterscheinungen beim Durchgang der Erde durch den Kometenschweif. Dr. Archenhold wies auf mögliche Verfärbungen in der Erdatmosphäre in der Dämmerung sowie auf elektrische Wirkungen hin. Tatsächlich wurde in der Folge häufig von ungewöhnlichen Erscheinungen berichtet, die aber alle rein meteorologisch erklärt werden können. Eine Kuriosität am Rande: Dr. Archenhold bat die

Bevölkerung auch, während seiner Untersuchungen des elektrischen Potentials der Atmosphäre »in der Nacht vom 18. zum 19. Mai... das Hinaussenden von elektrischen Wellen zu unterlassen.«

Daß sich alle Welt 1910 mit dem Halleyschen Kometen beschäftigte, fand seinen Niederschlag nicht nur in Zeitungsberichten und gesellschaftlichen Ereignissen, sondern zeigte sich auch in zahllosen Karikaturen, Postkarten, Gedichten und Illustrationen. In ganz Deutschland waren die verschiedensten Ulk-Postkarten im Umlauf. Ferner konnte man goldfarbene Aufkleber kaufen, die folgende Aufschrift trugen: »Dies ist der Halleysche Komet, an dem die Welt zugrunde geht.« Karikaturisten versprachen eine »schnelle Beförderung zum Mond, à Schuß 100 Mark« als letzte Rettung. Eine andere Karte zeigte einen Menschenauflauf auf der Erdkugel, den Kometen anstarrend; schaute man durch ein Loch im Kometenkopf und drehte dabei die Karte, so schienen die Menschen dem Kometen nachzuschweben. Auf der Rückseite der Karte stand zu lesen:

Aengstlich steh'n die Leut' und fragen:
»Ist es mit der Welt vorbei?«
Diese Karte wird Dir sagen
Was geschieht im Monat Mai.
Blinks, der weise Astronome,
Hat die Frage ventiliert,
Und im Großen Weltendome
Jedes Sternlein revidiert.
Seiner Forschung Resultat
Der Komet hier in sich hat.

Der *Generalanzeiger für Bonn* veröffentlichte am 19. Mai folgendes Gedicht:

Der Weltkomet am Himmel steht!
Der Weltkomet, er braust heran!
Wer kann diese Gefahr bestahn?
In einer kurzen Stunde Frist,
Die ganze Erde zertrümmert ist!

Dieselbe Zeitung berichtete am folgenden Tag über die Kometennacht. In Köln sei Halley »allenthalben mit Musik, Gesang und Becherklang gebührend gefeiert worden. In den Restaurants herrschte das lebhafteste Treiben, das dem zu Karneval in nichts nachstand... Auf dem Neumarkt hatten einige Ulkbrüder ein mächtiges Ofenrohr aufgestellt. Ein Herr im Zylinder erklärte den Lauf des Kometen, und wer durch das Ofenrohr in die schwarz mit Wolken bedeckte Luft sehen wollte, hatte einen Obolus zu entrichten. Die meisten faßten den Scherz gutmütig auf... Verschiedene verlangten aber energisch ihr Geld zurück, und es kam zu einem schweren Krach, so daß die Polizei einschreiten mußte. Die große Menge nahm für den Ofenrohrbesitzer Partei, und es bedurfte eines starken Polizeiaufgebots, um die Ruhe wiederherzustellen. Auch am Dom wurde ein Mann festgenommen, der ein Ofenrohr zur Besichtigung des Kometen aufgestellt hatte.«

Nach dem glücklichen Überstehen des »Weltuntergangs« ging in Wien das folgende Gedicht um:

Adieu, Kometenfurcht und Angst!
Du bist nun überwunden;
Wir alle haben heute früh
Uns wieder vorgefunden.

Es war nicht der zum Sirius,
Der auf den Mars verschlagen,
Die Erde ist zerstoben nicht,
Sie hat uns treu getragen.

Durch des Kometen mächt'gen Schweif
Durch dessen Dunst und Gase
Und sich dabei benommen nicht
Wie ein furchtsamer Hase.

Zur treuen Mutter Erde soll,
Der ewigen und alten,
Darum ein jedes Erdenkind
Fest und in Treue halten.

Selbst Rudolf Steiner, der Begründer der Anthroposophie, erwartete nicht viel Gutes vom Halleyschen Kometen. In einem am 5. März 1910 gehaltenen und später gedruckten Vortrag meinte er, daß der Komet ein übler Gast sei, wenn man ihm nicht entgegenarbeiten würde – auch bei der nächsten Wiederkehr 1985/86. Der Komet 1910 komme, weil die Menschheit geprüft werden müsse.

Doch kann auch von mehr wissenschaftlichen Bemühungen um den Halleyschen Kometen berichtet werden. So stiegen am 19. Mai, dem Tag, als die Erde durch den Kometenschweif ging, zwei Ballone der k.k. Zentralanstalt für Meteorologie und Geodynamik in Wien auf, um die chemischen Veränderungen in der Atmosphäre zu prüfen. Die Maximalhöhe betrug 7800 m. Die spektroskopischen Untersuchungen ergaben allerdings keinerlei Spuren fremder Stoffe. Dr. Guthnick von der Königlichen Sternwarte Berlin faßte alle diesbezüglichen Nachforschungen dahingehend zusammen, daß alles, was hätte erwartet werden können, ausgeblieben sei: Sternschnuppen, Polarlichter, auffallende Dämmerungserscheinungen oder elektrische Vorgänge.

Die Königliche Sternwarte hatte sogar auf dem Dach eines Geschäftshauses in der Berliner Innenstadt eine Filiale eingerichtet, um dem Publikum laufend Auskünfte erteilen zu können. Viele Berliner begaben sich auf den Kreuzberg, die höchste Erhebung der Stadt, oder auf das Tempelhofer Feld. Am 19. Mai versammelten sich dort gegen 4 Uhr morgens einige Tausend Menschen und machten ihrer Enttäuschung über das Ausbleiben jeglicher Himmelserscheinung mit faulen Witzen Luft, wie die Zeitschrift *Sirius* im Juni 1910 berichtete.

Die *Frankfurter Zeitung* notierte am 20. Mai nüchtern: »Die Berichte von der Sternwarte Berlin, von der Treptower Sternwarte und dem Potsdamer Observatorium stimmen alle darin überein, daß vom Halleyschen Kometen und seiner Berührung mit der Erde in den Morgenstunden der verflossenen Nacht absolut nichs zu sehen und zu merken war.« (Bei all dem muß allerdings gesagt werden, daß es auch nicht auszuschließen ist, daß der Schweif des Kometen am 18./19. Mai 1910 die Erde doch verfehlt hat.)

Es mangelte trotzdem nicht an kreativen Versuchen, die Begeisterung und spätere Enttäuschung überall auf der Welt künstlerisch zum Ausdruck zu bringen. Es entwickelte sich beinahe eine eigenständige »Kometenpoesie«, die allerdings meist weniger poetisch als prosaisch daherkam. Einige Beispiele aus den »Fliegenden Blättern« mögen dieses Urteil belegen:

Wenn's hagelt, regnet oder schneit,
Wenn ein Quartett mißlingt,
Wenn ein Prozeß verloren wird,
Wenn eine Lampe springt…,
Wenn eine neue Steuer droht,
Wenn jäh der Wind sich dreht,
Wenn die Kaffeemilch überläuft,
Dran schuld ist der Komet!

Es spricht der Halleysche Komet:
»Euer Größenwahn, Ihr Menschen, geht
In Blüte bunt und immer bunter
Bedroht scheint Eure Erde kaum,
Dies Körnlein Sand im Weltenraum,
Und Ihr ruft gleich: die Welt geht unter!«

Von alters her gilt ein Komet
Dem Jahr als guter Weinprophet.
O lass' den Glauben Wahrheit sein
Und bring' uns viel und guten Wein!

Gleiches gilt auch für die Musik. Viele Kompositionen trugen den Namen *Der Komet*. Es waren Märsche, Two-Steps, Walzer und Kometen-Schlager, sogar einen Tanz *Komet auf Schottisch* gab es, der als »neuester Gesellschaftstanz« angepriesen wurde. Allerdings hat keine der zahllosen Kompositionen den Lauf der Zeit überdauert.

Ein Gedicht, von einem Dichter mit dem ominösen Namen A. A. Grimm geschrieben, erlangte im englischsprachigen Raum eine gewisse Bekanntheit, weil es in Begleitung von Country- und Western-Musik vorgetragen wurde. Der Text brachte die Zuhörer allerdings auch nicht gerade in Wallung:

Es war im Frühling Neunzehnhundertzehn,
als Halleys Komet wiederkam,
und einige Leute hatten große Furcht,
als ein Stern mit Schweif sichtbar wurd'.
Astronomen prophezeiten, daß am 18. Mai
sein großer gewaltiger Schweif
uns in die Quere kommt.
Für zweieinhalb Stunden
werden wir dann in seinen Gasen sein,
doch wieviele dabei sterben,
das bleibt noch geheim.
// Einige wurden verrückt, einige begannen zu schrein,
einige verkauften ihr Hab und Gut,
für einen Ausflug in die Höh',
sie streckten ihre Füße und standen auf den Zehen,
aber Halley stoppte nicht //.

Eine jede Zusammenfassung der Ereignisse in Verbindung mit der Kometenerscheinung von 1910 muß auch Mr. E. W. Ryall aus Essex in England zitieren. Er schrieb mir in einem Brief, daß er sich an ein früheres Leben erinnere, an eine vormalige Existenz im 17. Jahrhundert. (Seine Erfahrungen veröffentlichte er in dem Buch *Ein zweites Leben*.) Er erklärte: »Ich bin davon überzeugt, daß ich den Halleyschen Kometen schon bei zwei seiner Erscheinungen gesehen habe, nämlich bei der von 1682 und der von 1910. Ich glaube, daß ich, ähnlich wie Sie, ein Gefühl für die Bedeutung dieses periodischen Phänomens habe, mit seiner vorhersagbaren Wiederkehr aus der Sicht der Erde und seinem Einfluß auf die Dinge dieser Welt.«

Da es nur wenige Menschen gibt, die in ihrer Jugend den Kometen von 1910 gesehen haben und ihn 1985/86 nochmals zu sehen hoffen, kann nicht daran gezweifelt werden, daß Mr. Ryalls Beobachtung der drittletzten Erscheinung, die 228 Jahre zurückliegt, einmalig sein dürfte – wenn man ihm glauben mag.

Zuletzt wollen wir noch einen kurzen Blick auf die kommerzielle Ausnutzung des Kometen von 1910 werfen. Es dauerte nicht lange, bis Produzenten und Kaufleute, angefangen bei renommierten Herstellern exklusiver Waren bis hin zum kleinen Straßenhändler, Möglichkeiten fanden, das Kometenfieber in klingende Münze zu verwandeln.

Mit bemerkenswertem Fleiß und Scharfsinn wurde der einmalige Anlaß genutzt, alle möglichen Produkte und Souvenirs auf den Markt zu bringen. Auf der einen Seite gab es besten Champagner und qualitativ hochwertige Artikel, die mit dem »Kometen«-Zeichen Reklame machten und als »Gelegenheit für Kometengukker« verkauft wurden, auf der anderen Seite standen billige Massenprodukte wie Postkarten und »Kometen-Pillen«, die zum Kauf verlocken sollten.

Ruth Freitag hat im *Quarterly Journal* (1983) der Kongreß-Bibliothek, Washington D.C., das ganze Spektrum des öffentlichen Interesses und der kommerziellen Ausbeutung des Kometen zusammengefaßt und mit zahlreichen Beispielen illustriert.

»Der Halleysche Komet vom Frühjahr 1910 war ein sensationelles Ereignis für die Medien. In den Zeitungen wetteiferten Kometengeschichten mit den Reisen des Ex-Präsidenten Teddy Roosevelt, der Überschwemmungskatastrophe in Paris, dem Vulkanausbruch des Ätna, dem verheerenden Erdbeben in Costa Rica und dem Tod von Mark Twain und König Edward VII. Oft mußte der Komet gar als Verursacher dieser sensationellen Ereignisse herhalten.

Einige Astronomen sprachen von der möglichen Auslöschung allen Lebens auf der Erde, wenn der Planet am 18. Mai mit dem Schweif des Kometen in Berührung käme. Auch wurden Spekulationen über schreckliche Zerstörungen geäußert, falls der Komet die Erde treffen sollte. Die zweite Wiederkehr Christi, von einem Priester aus Pittsburgh prophezeit, ließ dort die Leute in die Kirchen der Stadt strömen. Obwohl viele offizielle Stimmen laut wurden, die gegen die zum Teil erschreckenden Meldungen sprachen, wurde den Schicksalsdeutern doch mehr geglaubt. Geschichten von Personen, die durch den Kometen in den Wahnsinn getrieben wurden oder gar Selbstmord begingen, waren allgemein verbreitet. Manche Leute bereiteten sich auf das Schlimmste vor und verbarrikadierten sich in ihrem Keller mit einer Sauerstoff-Flasche. Andere feierten ganze Nächte gemäß dem Wahlspruch ›Essen, Trinken und an nichts Böses denken‹.

Die allgemeine Aufregung wurde von Schwindlern ausgenutzt, die Versicherungen gegen Kometenschäden am Capitol verkauften oder Kometen-Pillen in Port-au-Prince. Diejenigen Leser, die über diese Exzesse lachen, sollten sich daran erinnern, welche Panikmache es kürzlich noch im Zusammenhang mit dem sog. Jupiter-Effekt gegeben hat. Gemeint sind die Prophezeiungen des Weltuntergangs, als die Planeten im Frühjahr 1982 angeblich auf einer geraden Linie hintereinander gestanden haben sollen (was aber nicht einmal der Fall war).

Vom Kometen inspiriert, erschienen in den Zeitungen Gedichte und Witzbilder. Es gab Postkarten, Spiele, kurze Musikkompositionen und sogar Theaterstücke zum Thema ›Komet‹. Gus Edwards schuf den Schlager *Der Komet und die Erde* für die ›Ziegfeld Follies‹, eine Narren- und Clowngruppe. Ein satirisches Bild im *Portland Oregonian* zeigt, daß die professionellen Spaßvögel der Nation dem Kometen zu Dank verpflichtet sein sollten. Heutzutage werden in Erwartung der kommenden Wiederkehr T-Shirts mit Halley-Aufdruck verkauft, 1910 dekorierte das Kometenbild Westen, Krawatten, Handtaschen und Socken.

1910 nutzte man das große Interesse am Besuch des Halleyschen Kometen konsequent zu Reklamezwecken, meistens in Form eines gebogenen Schweifes, der von einem hellen runden oder sternförmigen Kopf ausgeht. Die Werbefachleute versahen häufig die Verpackungen der Waren mit diesem auffallenden Symbol.«

Bedeutsame Ereignisse im Zusammenhang mit Halleys Erscheinen

Es ist äußerst reizvoll, sich vorzustellen, daß berühmte Männer wie Kaiser Nero, der heilige Paulus, der Hunnenkönig Attila oder der Religionsstifter Mohammed den Halleyschen Kometen zu ihren Lebzeiten gesehen haben. In diesem Sinne spannt der Halleysche Komet eine Art roten Faden in der Menschheitsgeschichte, dem im folgenden ein wenig nachgespürt werden soll. So hing der Komet beispielsweise im Jahre 66 n. Chr. wie ein Schwert über Jerusalem, erschien leuchtend hell während der Schlacht von Hastings im Jahre 1066 und war 1910 kurz nach dem Tod König Edwards VII. zu sehen.

Manche Menschen lassen sich abergläubisch dazu verleiten, das Erscheinen des Halleyschen Kometen in einen ursächlichen Zusammenhang mit bestimmten historischen Ereignissen zu bringen. Doch Erdbeben ereignen sich auch zu anderen Zeiten, und große Männer sterben jedes Jahr. Insofern kann von einem direkten Zusammenhang nicht die Rede sein, denn irgend etwas Bedeutendes geschieht alle Tage auf unserer Erde – und daher natürlich auch dann, wenn der Komet alle 75 bis 78 Jahre in Erdnähe kommt.

Es ist jedoch interessant, einmal zu untersuchen, was sich kurz vor und nach dem Erscheinen des Halleyschen Kometen in der Geschichte abgespielt hat, nicht, um den Aberglauben zu schüren, sondern, um ein größeres Geschichtsverständnis zu fördern, das zudem hilfreich ist, wenn wir uns in den nächsten Kapiteln mit der Person Edmond Halleys befassen.

Wie bereits erwähnt, kehrt der Komet im Mittel alle 76,2 Jahre in die Nähe der Erdbahn zurück. Infolge von Bahnstörungen kann er sich aber auch »verfrühen« oder »verspäten«. Die kürzeste Zeitdifferenz zwischen zwei Periheldurchgängen verzeichnen wir zwischen 1835 und 1910: Schon nach 74,42 Jahren erschien der Komet wieder. Der längste Zeitabstand zwischen zwei Periheldurchgängen findet sich zwischen den Jahren 451 und 530 n. Chr. Erst nach 79,25 Jahren kehrte der Halleysche Komet zurück. Im folgenden wollen wir einen kleinen Ausflug in die Geschichte unternehmen und notieren, was sich in der Welt bei den Erscheinungen des Halleyschen Kometen unter anderem ereignete – eine ungewöhnliche, aber interessante Blickweise auf unsere Vergangenheit:

240 v. Chr. Chinesische Astronomen zeichnen sorgfältig das Erscheinen eines spektakulären Kometen auf. Später wird er als der Halleysche Komet identifiziert.
Eratosthenes von Kyrene wird Bibliotheksleiter in Alexandria. Er ist ein beschlagener Wissenschaftler, kartierte den Flußverlauf des Nils und bestimmte recht genau den Erdumfang.

164 v. Chr. In den chinesischen Aufzeichnungen findet man zwar keine explizite Erwähnung dieser Erscheinung, man weiß jedoch, daß ein Komet im Herbst des Jahres durch das Perihel lief. Allgemein nimmt man an, daß es sich dabei um den Halleyschen Kometen gehandelt hat.
Wir haben den chinesischen Astronomen zu danken, die ihre Beobachtungen sorgfältig aufzeichneten. Sie reichen bis in das 3. Jahrhundert v. Chr. und weiter zurück. 2000 Jahre lang gab es jedoch zwei Lücken: Die Erscheinung des Halleyschen Kometen im Jahre 164 n. Chr. fehlte ganz, und aus dem Jahre 87 v. Chr. lag nur ein spärlicher Hinweis vor. Doch unter den tausend und mehr babylonischen Tafeln, die sich mit Astronomie befassen und die erstmals im Britischen Museum von Theophilus Goldbridge Pinches (1856–1934) katalogisiert wurden, gibt es zwei, auf denen man die Erscheinung des Halleyschen Kometen im Jahre 164 v. Chr. tatsächlich bestätigt findet. Auf einer anderen findet man einen zusätzlichen Hinweis auf die Erscheinung, die 87 v. Chr.

die Chinesen registrierten. Christopher Walker, Assistent des Leiters des Instituts für westasiatische Funde, der gemeinsam mit Kevin Yau und Richard Stephenson von der Durham-Universität und Hermann Hunger von der Universität Wien den Beweis lieferte, daß der Halleysche Komet vor 2150 Jahren gesehen wurde, hat die Zusammensetzung der zahlreichen Täfelchen treffend mit dem »größten Geduldspiel der Welt« verglichen.

Die Schrift auf der antiken Tafel weist eine erstaunliche Symmetrie auf. Auch ist der Abstand der babylonischen Keilschrift peinlich genau. Übersetzt steht auf der Tafel: »Der Komet, der zuvor im Osten auf dem Weg des Anu im Gebiet der Plejaden und des Stiers gesehen wurde, ... [hier fehlt ein Stück] nach Westen und wanderte auf dem Weg der Ea entlang...«

Mit Hilfe von Kevin Yau hat Dr. Stephenson die Datierung der Tafel überprüft. Unter Verweis auf Experten wie Dr. Donald K. Yeomans vom Jet Propulsion Laboratorium in Pasadena, Kalifornien, besteht kein Zweifel, daß auf der Tafel das Erscheinen des Halleyschen Kometen im September/Oktober 164 v. Chr. sicher bestätigt ist. Doch dies ist erst die halbe Geschichte.

Anfang der 50er Jahre untersuchte der amerikanische Geisteswissenschaftler Professor Sachs die Sammlung des Britischen Museums und besonders die Tafeln, die als »astronomische Tagebücher« bezeichnet werden. Auf ihnen sind nicht nur astronomische Ereignisse verzeichnet, sie geben auch für jeden Monat das Wetter, die Marktpreise und die Lokalpolitik an. Als Professor Sachs 1982 starb, wurde seine Pionierarbeit Professor Hunger übertragen, einem der wenigen Experten auf dem Gebiet der babylonischen Astronomie. Er sollte die Arbeit von Sachs veröffentlichen. Dann trat das Schicksal ein.

1984 machte sich Dr. Stephenson daran, fernöstliche Texte über den Halleyschen Kometen zu übersetzen. Stephenson ist mit der babylonischen Mondtheorie vertraut und beherrscht das Chinesische. Als er die Arbeit abgeschlossen hatte, war seine Neugier so sehr geweckt, daß er Professor Hunger danach fragte, ob möglicherweise schon ähnliche babylonische Beobachtungen bekannt seien. Professor Hunger sah daraufhin Professor Sachs' Unterlagen durch und fand tatsächlich in drei Tafeln solche Hinweise. Zwei stammten aus dem Jahr 164 v. Chr., die dritte aus dem Jahr 84 v. Chr.

Angemerkt werden sollte noch, daß die Entdeckung im Britischen Museum – innerhalb einer Meile von Halleys Geburtsort – erfolgte. Somit haben wir nunmehr auch eine sichere Aufzeichnung aus dem Jahre 164 v. Chr. in der Hand, und das Erscheinen des Halleyschen Kometen läßt sich nun lückenlos bis zum Jahre 240 v. Chr. zurückverfolgen.

87 v. Chr. Die Römer erobern im Frühjahr Athen. Aristion, der Tyrann von Athen, wird hingerichtet.

12 v. Chr. (mitunter auch 11 v. Chr.) Der römische Geschichtsschreiber Dion Cassius berichtet, daß ein Komet über Rom hängt. Der Komet wird sowohl von chinesischen als auch römischen Astronomen beobachtet.

Diese Rückkehr des Halleyschen Kometen ist vor allem deshalb so interessant, weil man versucht hat, sie mit dem Stern von Bethlehem in Verbindung zu bringen, den Matthäus im zweiten Kapitel seines Evangeliums erwähnt. Matthäus schreibt dort, daß die Weisen aus dem Morgenland Herodes fragen: »Wo ist der neugeborene König der Juden? Wir sahen seinen Stern im Osten und sind gekommen, ihm zu huldigen.« 1301 n. Chr. sah der florentinische Maler Giotto di Bondone den Halleyschen Kometen und nahm ihn als Vorbild für sein Fresko *Die Anbetung der Weisen.* Aufgrund dieser realistischen Darstellung des Kometen sah man die Auffassung, daß der Stern von Bethlehem ein Komet gewesen sei, bestätigt und hielt lange Zeit daran fest. Christi Geburt fällt jedoch nicht mit dem Erscheinen des Kometen im Jahre 12 v. Chr. zusammen, selbst wenn man eine Toleranz von ein paar Jahren berücksichtigt, und eine Verbindung scheint daher unberechtigt.

Jahrhundertelang gaben sich die Menschen dem Wunschgedanken hin, daß es der Halleysche Komet war, dem die Magier (Weisen) aus dem Morgenland folgten. Wo liegt der Ursprung dieses

Mythos? Betrachten wir das Wort »Magier«. Es kommt aus der persischen Sprache und meint Leute mit magischen Kräften, die Sterne deuten können: Wahrsager und Astrologen also. Dies ist die ursprüngliche Bedeutung des Wortes Magier.

Nur Matthäus spricht in seinem Evangelium von einem Stern, der die Weisen zum Geburtsort Jesu führt. Falls dies wirklich ein strahlendheller Komet gewesen ist, so bleibt es unverständlich, warum die drei anderen Evangelisten nichts davon berichten. Höchstwahrscheinlich schrieb Matthäus sein Evangelium in der Zeit, als der Halleysche Komet im Jahre 66 n.Chr. dem Geschichtsschreiber Josephus zufolge wie ein »Schwert« über der Heiligen Stadt hing. Möglicherweise war Matthäus von der Erscheinung des Kometen so beeindruckt, daß er ihn in dichterischer Freiheit als überragendes Symbol für die Geburt Jesu in sein Evangelium einbezog.

Wenngleich man Kometen meist als Unglückszeichen ansah und mit Krankheiten und dem Tod von Königen in Verbindung brachte, so gab es doch seit alters immer wieder Leute, die in ihnen Zeichen einer günstigen und glücklichen Wende im Lauf der Dinge sahen. Origenes, ein Theologe im 3. Jahrhundert n.Chr., schrieb in seiner Abhandlung *Gegen Celcius*: »Der Stern war im Osten zu sehen... wir hielten [ihn] für einen neuen Stern... wie Kometen oder Meteore [damals machte man keinen Unterschied zwischen diesen beiden], die Holzbündeln, Bärten oder Weingläsern ähneln.« Anschließend erläuterte er, daß bei guten Ereignissen Kometen erscheinen können. Und welches Ereignis könnte besser geeignet sein als die Geburt des Messias. Dies belegte er mit einer alttestamentarischen Stelle: »Aufgeht aus Jakob ein Stern und ein Zepter [ein König] erhebt sich aus Israel.« Diese Passage wird in der *New English Bible* wie folgt übersetzt: »Ein Stern wird aus Jakob hervortreten und ein Komet sich aus Israel erheben.«

Die Verwirrung um den Stern von Bethlehem wurde noch durch Giotto di Bondone vermehrt, der bei der Darstellung des »Sterns im Osten« 1303 erheblich von anderen konventionellen Darstellungen abwich. Aufgrund seiner zwei Jahre alten persönlichen

Erinnerung malte er einen auffallenden, kräftigen Kometen. Bis dahin hatten Maler den Stern von Bethlehem mehr geometrisch stilisiert, mitunter recht naiv und zuweilen auch etwas »kränklich« gemalt. Giotto war der erste, der einen wirklichkeitsgetreuen Eindruck des Kometen gab. Sein Gemälde ging in die Geschichte ein, und man hat die europäische Raumsonde, die 1985/86 zum Halleyschen Kometen fliegen soll, den er 684 Jahre zuvor gesehen hat, auf seinen Namen getauft.

Wahrscheinlich handelte es sich bei dem Stern von Bethlehem um eine enge Planetenkonstellation; meist wird dafür eine dreifache Jupiter-Saturn-Konjunktion im Jahre 7 v. Chr. angenommen.

66 n. Chr. Sieben Wochen lang beobachteten chinesische Astronomen den Halleyschen Kometen. Der jüdische Geschichtsschreiber Josephus sieht ihn wie ein Schwert über Jerusalem hängen. Im Alten Testament (Chronik 21,16) heißt es: »David erhob seine Augen und sah den Engel des Herrn zwischen Himmel und Erde stehen mit gezücktem Schwert, das gegen Jerusalem ausgestreckt war.« Damit könnte Halleys Komet gemeint sein.

Im selben Jahr bricht ein Aufstand der Juden gegen die Römer aus. Eine römische Garnison wird vernichtet. Erst nach sechsmonatiger Belagerung wird Jerusalem von den Römern eingenommen, die den Tempel niederbrennen und die Überlebenden versklaven.

141 n. Chr. Chinesische Astronomen beobachten im März und April den Halleyschen Kometen. Kurz darauf breitet sich in vielen Ländern eine furchtbare Pest aus. Allein in Italien sterben Hunderttausende; die Menschen machen den Kometen für den Ausbruch der Seuche verantwortlich.

Der Astronom Ptolemäus sieht den Halleyschen Kometen von Alexandria aus.

218 n. Chr. In China herrscht Bürgerkrieg.

12 Unter dem Eindruck der Wiederkehr des Halleyschen Kometen 1301 malte der florentinische Künstler Giotto di Bondone die Anbetung Jesu durch die drei Weisen aus dem Morgenland, wobei er den Stern von Bethlehem deutlich als Kometen gestaltete; Giottos Darstellung förderte die falsche Auffassung, es sei der Halleysche Komet gewesen, dem die Weisen dem biblischen Bericht nach gefolgt sind (Arena-Kapelle, Padua)

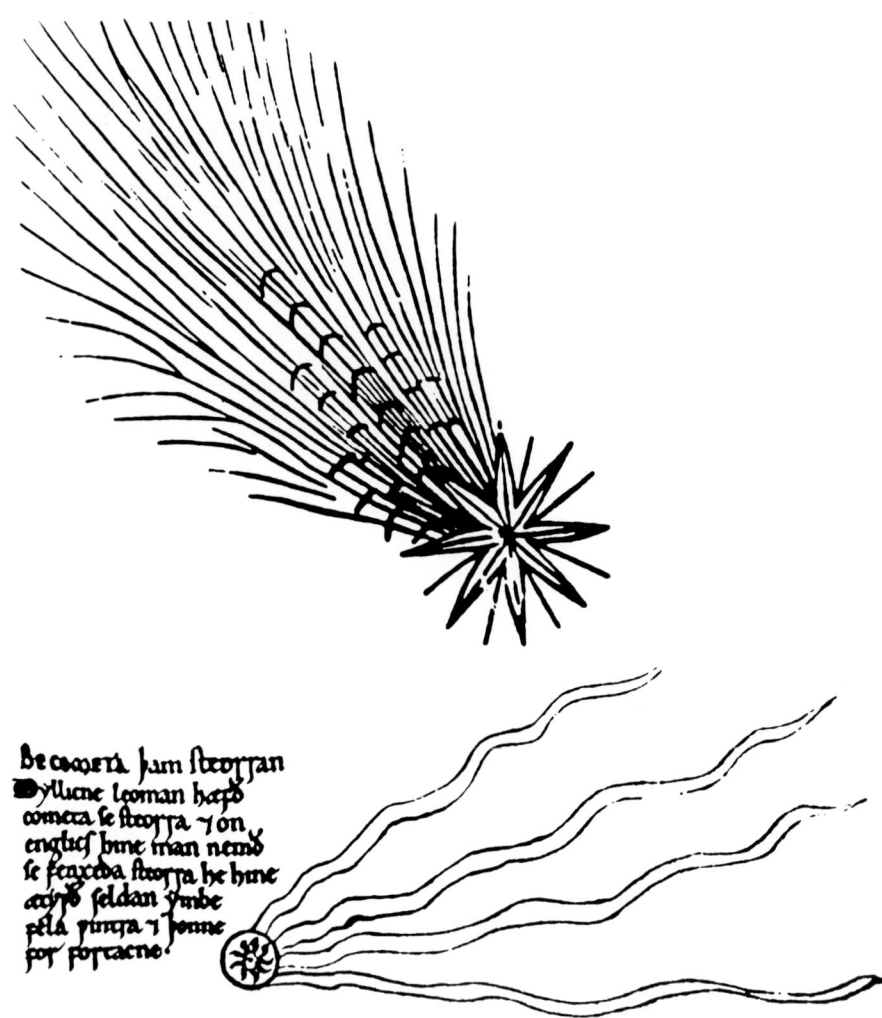

13/14 Frühe Darstellungen des Halleyschen Kometen finden sich in verschiedenen mittelalterlichen Quellen, so z. B. in einer 1493 in Nürnberg gedruckten »Weltchronik«, die den Kometen des Jahres 684 n. Chr. zeigt (oben), sowie den Kometen von 1145 in einer illuminierten Handschrift des *Eadwine Psalters* von Canterbury

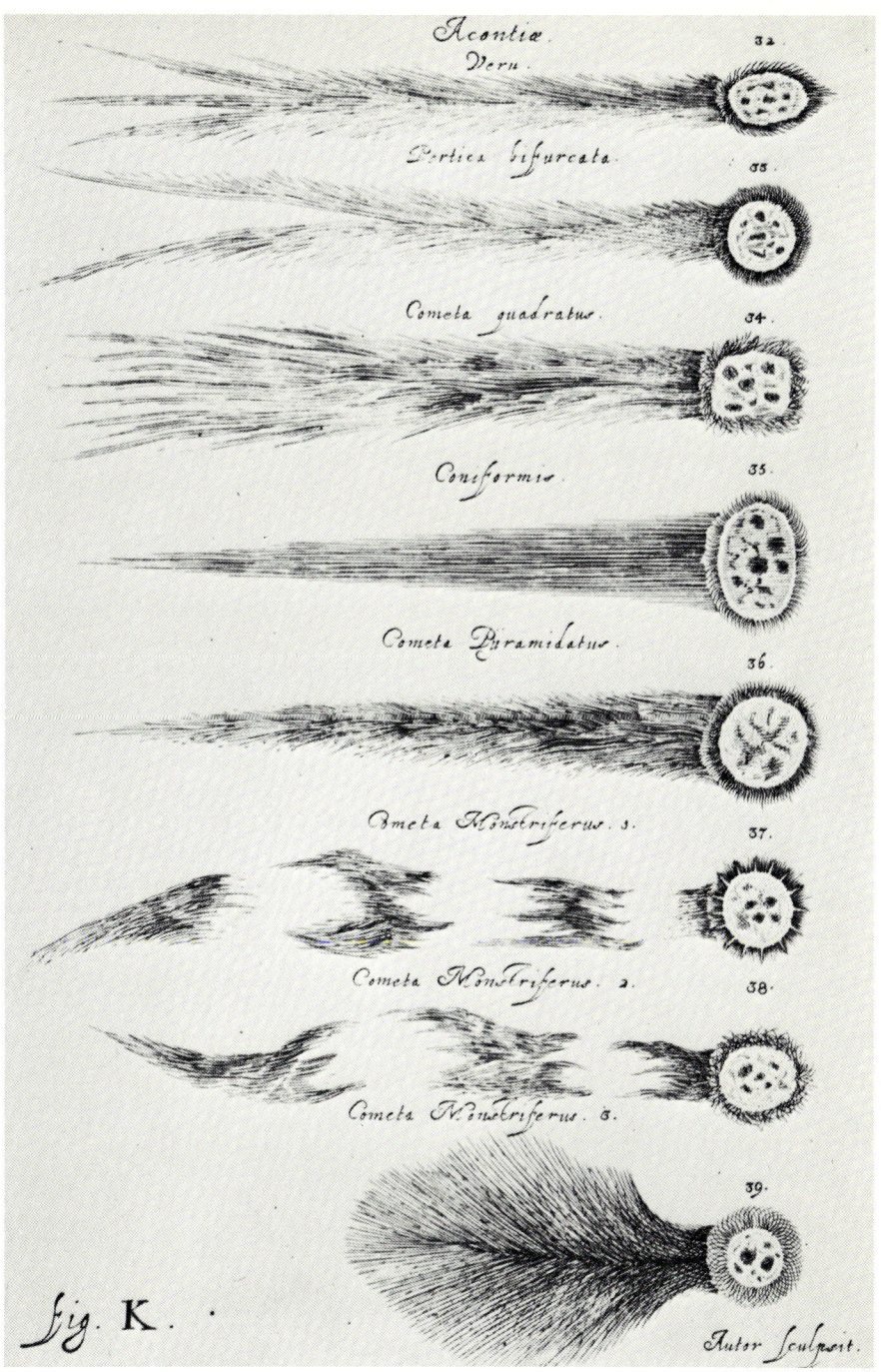

15 Klassifizierung verschiedenartiger Kometenschweife durch den deutschen Astronomen Johannes Hevelius, dessen Danziger Sternwarte vor dem Brand von 1679 als die größte in ganz Europa galt (rechts)

16 Der Halleysche Komet von 1066 (oben) in der Darstellung des Wandteppichs von Bayeux, Normandie, aus dem 11. Jahrhundert (Musée de la Reine-Mathilde, Bayeux)

17 Der Komet von 1577 (unten), hier in einer türkischen Darstellung, war aufgrund seiner besonders großen Helligkeit und des ausgeprägten Schweifes selbst am Tage zu sehen

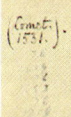

DE OCCVLTATIONE ET APPARITIONE
Cometæ. Caput decimumsextum.

 AMETSI Cometes 3 2 augusti die mihi cōspectus sit primo, non desunt tamen qui eundem se vidisse sexto septimoq́ affirment, veré autem omnibus ab occidétepaucis ab oriente visus est, & profecto fieri non potest, quin ita factum sit, licet non omnibus apparuerit, non enim ita multis post ortum suum diebus videri mane desit, ea de causa, quod subinde magis ac magis cosmicum in ortum festinarit. Nam die 18, vt videri in sequentibus est, oriri cum ipso Sole cœpit, quocirca propinquor erat iam Soli 13 die quam vt cerni potuerit, ortum parante iam Sole. Inde factum est, vt plerisq́ imperitioribus alius ab eodê cometa fuisse putaretur, quasi duo forent, vnus in oriente, alter in occidente, nescientibus tam in ortu quàm in occasu apparere posse, non secus atq́ stellâ aliam. Id quod etiam Mattheo Palmerio Florentino impositũ in cronicis suis asseriti binos in Ianuario cometas fuisse, anno post Christ 729, aliumq́ Solem anteisse, alium vero subsequutum, cum recta non duo, sed vnus & idem fuerit, nunc antetunc post Solem, ea qua dixi ratione, lucens. Sed ad rem, Solcum 29 Leonis gradum possideret, occidebat hora post meridiem 6 mi. 54, Cometa vero hora 9 mi. 55, si declinatio eius ascendisset recta videatur. Vnde liquet Solem fuisse sub horizonte horis 30 mi. 12, & Cometam horis 4 mi. 10, cuius idcirco ortus hora 2 mi. 10 post noctis medium esse debuit. Cum vero de ortu & occasu cometæ loquor, non subaudias volo, mihi visum per instrumenta eo tempore quo horizontem contigerit Cometa, illud enim abunde declinatio ascensioq́ recta eius semel cognita sig pyrunt, & sivt super instrumentum se fermo naturus, consteri tamen nequaq́ potuisset, quoties enim horizonti propinquior fieret 2 vel 4 gra. interuallo, flamma eius extingui omnino videbatur, adeo, vt aliquandiu à me sub nebula condi crederetur sit, donec admoneret Plinius libro naturalis historiæ 2 cap: 25, Cometas in occasu & cœli parte nunquàm esse, id est, nunquàm apparere. Is enim genuinus Plinii intellectus est, ni fallor, quem sic libentius ego quoq́ admitto, quoniam ita oculis esse compererim. De vsu meteoroscopii nihil amplius ag3, sed post finem operis, motum quoq́ diurnum per meteoroscopum inuenire docebo, sufficiat autem hanc vnam obseruationis methodũ ita fuse, & quasi per membra tradidisse, in sequentibus enim nil præter obseruationes meras per meteoroscopium consequutas proponemus. Figuræ præterea sequentes declinant altitudines Cometarum dumtaxat, supra horizontem existentium tempore quo Sol occumbit, similiter quà profundus Sol extiterit sub finitore cometa eunde scandie.

SOLIS ET COMETAE ORTVS OCCA
fusq́, qui contingunt 13 die Augusti.

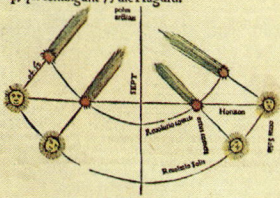

CAESAREVM

DECIMO QVARTO AVGVSTI DIE
secunda Cometæ obseruatio peracta est.

¶ Altitudo Cometæ supra horizontem gra. 8 mi. 19
¶ Azimuth Cometæ ab occasu Septen. versus gr. 45 mi 22
¶ Altitudo extremitatis caudæ gradui 23 mi. 18
¶ Azimuth extremitatis caudinæ Septentrio. gra. 57 mi 38

Hæc sequentia ex obseruatione consurgunt.

Latitudo Cometæ gra. 23 m 2, Locus Cometæ gra. 23 mi. 39 Ω,
Declinatio Comegr. 15 mi. 32 Sept. Ascēsio recta Co. gr. 155 m 5
Co. Mediat cœli ho. 13 añ. Amplitudo. or. & occ. 60 gr. 27 m Sep,
Occa, Come. hora 9 m 32 post me. Come. occidittū 23 gra. m.
Distantia Come. à Sole gr. 23 m 40, Ortus Come. hora 2 mi. 28.
Loc'extremi. caudæ gr. 39 m 3 Ω. Latitu, extre. gr. 39 m 45 Sept.

Situs Cometæ occasus tempore.   Situs Cometæ ortus tempore.

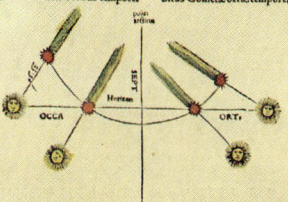

DECIMO QVINTO AVGVSTI OB-
seruatio tertia facta est.

¶ Altitudo Cometæ supra horizontem gra. 9
¶ Azimuth Cometæ ab occ.versus Sept. gra. 41 mi. 22,
¶ Altitudo extremitatis caudæ supra horizon. gra. 39 mi. 8
¶ Azimuth huius extremitatis gra. 50,

Hæc autem obseruatio collegit ea quæ sequuntur.

Latitudo Come.gra. 22, Locus verus Come. gra. 24 mi. 29 Ω,
Decli. Come. gr. 15 m 39 Sep, Ascen. recta Co. 159 gra. 20 mi,
Latitudo extremitatis caudæ ab ecliptica gra. 34 mi. 22
Locus verus in ecliptica extremæ caudæ gr 23 m. 2. mi. Ω
Distan. à Sole gra. 23 mi, 33, Arcusdiur. Come. horæ 18 mi. 34
Occa, Come. ho. 9 mi. 44 post, Or. Come. hora 3 mi. 30 ante.
Hoc die Com. heliacæ accidit, vr nō amplius ante Solis ortū cerneret.

Situs Cometæ occasus tempore.   Situs Cometæ ortus tempore.

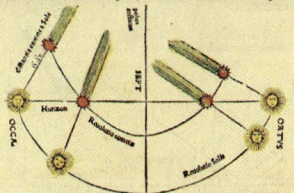

DECIMO SEXTO DIE AVGVSTI
consideratio Cometæ quarta.

¶ Altitudo Cometæ supra hori. gra. 9 mi. 43
¶ Azimuth Cometæ ab occ.versus Sept. gra. 35 mi. 33.
Super cauda nihil vlterius agetur, sufficiunt enim priora, per quæ satis liquet à Sole caudā mutuari, quocirca in posterū de hac supsedebimus.

Talia ex obseruatione constant.

Latitudo Cometæ ab ecliptica gra. 22 mi. 3.
Verus locus Cometæ in ecliptica gra. 4 mi. 22 ℳ.
Declinatio Cometæ ab æquatore 30 gra. 33 mi. Septentrio,
Ascensio recta Cometæ 305 gra. 33 mi.

---

18 Ausschnitt aus dem *Astronomicon Caesareum* des deutschen Astronomen Petrus Apianus mit einer Darstellung des Halleyschen Kometen 1531; Apianus, 1527–1552 Professor der mathematischen Wissenschaften in Ingolstadt, bemerkte als erster, daß Kometenschweife von der Sonne wegweisen

19 Nikolaus Kopernikus, deutsch-polnischer Astronom, der um 1507 die Idee des griechischen Astronomen Aristarchos von Samos aufgriff, die Sonne und nicht die Erde sei der Mittelpunkt des Planetensystems, und diese Idee zum heliozentrischen Weltbild weiterentwickkelte, das er 1543 in seinem Hauptwerk *De Revolutionibus Orbium Coelestium* veröffentlichte

20 Der Komet von 1556 über Konstantinopel (Darstellung auf einem zeitgenössischen Nürnberger Einblattdruck)

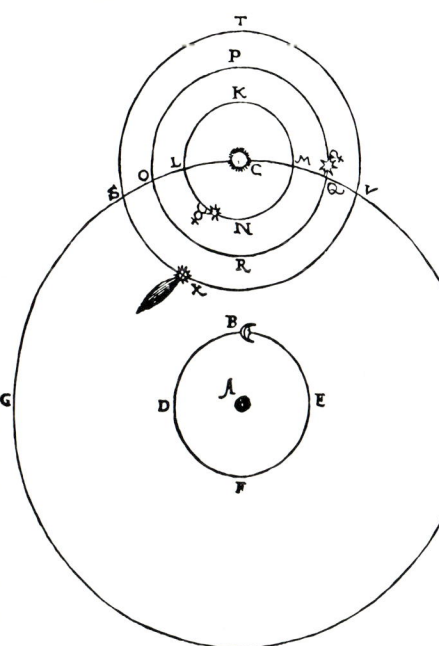

21 Tycho Brahe (links), dänischer Astronom, der durch seine Beobachtungen des Kometen von 1577 die Unhaltbarkeit des geozentrischen Weltbildes erkannte, es aber nicht verwarf, sondern zu modifizieren suchte (s. Abb. 23)

22 Johannes Kepler, deutscher Mathematiker und Astronom, der als Nachfolger Tycho Brahes am Prager Hof Kaiser Rudolfs II. wirkte und nach sechsjähriger Forschungsarbeit 1609 die ersten beiden der drei (nach ihm benannten) Gesetze zur Planetenbewegung aufstellte

23 Tycho Brahes Versuch, seine Beobachtungen mit dem geozentrischen Weltbild zu vereinen: Er nahm an, daß der Komet von 1577 tatsächlich die Sonne umkreiste, die ihrerseits aber die weiterhin im Zentrum gedachte Erde umläuft

24/25 Zwei zeitgenössische Darstellungen des besonders leuchtkräftigen Kometen von 1577: ein kolorierter Holzschnitt aus Nürnberg (oben) und der Komet über Prag

295 n. Chr. Wiederum verzeichnen chinesische Astronomen das Erscheinen des Halleyschen Kometen. In diesem und den darauffolgenden Jahren kämpft das Römische Reich gegen innere und äußere Aufstände um seinen Bestand. Es wird schließlich in ein östliches und ein westliches Reich geteilt.

374 n. Chr. Der Einfall der Hunnen in Osteuropa löst die zweite Völkerwanderung aus.

451 n. Chr. Die Chinesen verzeichnen eine spektakuläre Erscheinung, die 13 Wochen andauert. In Europa sieht man den Kometen im Zusammenhang mit der Schlacht auf den Katalaunischen Feldern: In dieser Schlacht fallen rund 150 000 Soldaten, als die Hunnen unter Attila von vereinigten römischen, burgundischen, westgotischen und fränkischen Truppen zurückgeschlagen werden.

530 n. Chr. Eine furchtbare Pest breitet sich über Europa aus.

607 n. Chr. Historische Aufzeichnungen über die Erscheinung des Kometen sind rar.

684 n. Chr. Dies ist die erste Erscheinung, die nachträglich illustriert wurde. 1493 wurde der Komet in der Nürnberger Chronik auf einer groben Holzschnittzeichnung abgebildet. Die Chronik berichtet von jährlichen Ereignissen und liefert eine einfache Darstellung des Kometen auf der Textseite, die sich mit dem Jahr 684 n. Chr. befaßt. Sie wird an anderen Stellen des Buches als Lückenfüller wiederholt. Der Text spricht davon, daß in diesem Jahr Regenschauer, Blitz und Donner sowie andere Eingriffe Gottes, bei denen Tiere und Menschen umkamen, stattfanden und anschließend die Ernte vertrocknete und die Pest ausbrach.

760 n. Chr. Für den furchtbar kalten Winter von 760/761 soll der Komet verantwortlich sein, obwohl er bereits im vorhergehenden Frühjahr erschienen ist.

837 n. Chr. Eine ganze Reihe von Kometen werden in dieser Zeit gesichtet; dennoch war dies die vielleicht aufsehenerregendste Wiederkehr des Halleyschen Kometen in der Menschheitsgeschichte. Der Schweif des Kometen erstreckte sich über einen Winkel von 90 Grad. Der Komet kam der Erde am 11. April bis auf etwa sechs Millionen Kilometer nahe. Dies ist neunmal näher als der geringste Erdabstand 1986. Außerdem war der Komet fast ebenso grell wie die Sonne.

912 n. Chr. Dieses Erscheinen des Halleyschen Kometen wird auch von japanischen Beobachtern aufgezeichnet.

989 n. Chr. Der Komet taucht sowohl in europäischen als auch chinesischen Berichten auf und wird zudem von dem sächsischen Geschichtsschreiber Elmacin erwähnt.

1066 n. Chr. Herzog Wilhelm von der Normandie sieht in der Erscheinung des Kometen »ein wundervolles Himmelszeichen« und treibt seine Soldaten damit in die Schlacht bei Hastings.
König Harolds Männer, zahlenmäßig überlegen, qualitativ aber unterlegen, widerstehen den Normannen bis Sonnenuntergang. Dann befiehlt Wilhelm seinen Bogenschützen, hoch in die Luft zu schießen, so daß die Pfeile steil von oben auf den Feind »niederregnen«. Der Plan ist erfolgreich: Der Legende nach wird König Harold im Auge getroffen und fällt, die Engländer verlieren die Schlacht.
Der berühmte Wandteppich von Bayeux, der im darauffolgenden Jahr begonnen wird, erinnert an den Sieg der Normannen bei Hastings und an die Erscheinung des Halleyschen Kometen im Frühjahr 1066.
Im September 1984 besuchte ich Bayeux, um den berühmten Teppich zu sehen und Material für dieses Buch zu sammeln. Es handelt sich bei diesem Wandteppich um den längsten Bildgeschichtenstreifen der Welt. Er ist fast 70 Meter lang und besteht aus acht Stoffteilen, die zwischen 5 und 14 Metern lang, aber nur einen halben Meter hoch sind.

Er ist deshalb so lang und schmal, weil er als Wandteppich zu besonderen Anlässen und an Feiertagen im Hauptschiff der Kathedrale von Bayeux aufgehängt wurde. Auf den Stoff sind Bilder und lateinische Inschriften gestickt, die Englands Eroberung darstellen. Er wurde von Pfeiler zu Pfeiler aufgespannt und gab den überwiegend des Lesens und Schreibens unkundigen Gläubigen einen anschaulichen Eindruck von Wilhelms großem Sieg über das Heer König Harolds.

Wahrscheinlich war es Odon, ein Halbbruder des Normannenherzogs, der – von Wilhelm zum Bischof von Bayeux ernannt – die Anfertigung des Teppichs in die Wege leitete – und nicht die Königin Matilda (Wilhelms Frau), wie es die Legende berichtet. Am 14. Juli 1077 wurde der fertige Teppich erstmals öffentlich ausgestellt.

Der Halleysche Komet leuchtete 1066 auch drohend über Rudolf von Schwaben, der an der Spitze der Fürstenverschwörung gegen König Heinrich IV. stand. Rudolf erlitt 1088 eine tödliche Verwundung in der Schlacht bei Merseburg. Der Komet soll auch den Tod Kaiser Konstantins X. (1067) angekündigt haben, »stand« er doch zeitgenössischen Berichten zufolge auch über Konstantinopel.

1145 n. Chr. Es gibt ein zeitgenössisches Bild, das möglicherweise den Kometen zeigt – die Darstellung erinnert allerdings mehr an eine Qualle. Es befindet sich im *Eadwine Psalter* von Canterbury, in einem illuminierten Manuskript eines Mönches, der aus dem älteren Utrechter Psalmenbuch geistliche Lieder abgeschrieben hat. Über der Zeichnung stehen drei lateinische Versionen des fünften Psalms, die aber offenbar keinen Zusammenhang mit der Abbildung haben; in der Bildlegende wird dagegen die Helligkeit des »Haarsternes« betont und darauf hingewiesen, daß Kometen selten vorkommen und Boten zu sein scheinen.

Bis in die heutige Zeit hat man den Kometen als himmlischen Boten angesehen und für viele Ereignisse bei seinem Erscheinen verantwortlich gemacht. Er mag auch Papst Eugenius III. inspiriert haben, den »Heiligen Krieg« gegen die Mohammedaner auszurufen, nachdem die Seldschuken im Jahr zuvor den Kreuzfahrerstaat Edessa besetzt hatten.

1222 n. Chr. Dies ist die Zeit des gefürchteten Dschingis-Khan, der glaubte, Kometen seien seine »besonderen Sterne«. Als der Halleysche Komet erschien, sandte er seine mongolischen Reiter aus, die 1223 bis nach Osteuropa vorstießen.

1301 n. Chr. Ungeheure Überschwemmungen und »Wirbelwinde« in Europa sollen durch den Kometen ausgelöst worden sein. Andererseits wird berichtet, man hätte im Januar schon Bäume mit Laub gesehen. In Ungarn wurde Wenzel III. als Ladislaus V. zum König gewählt – doch soll ein »Unstern« in Form des Halleyschen Kometen über ihm gestanden haben (Ladislaus konnte seinen Herrschaftsanspruch tatsächlich nicht durchsetzen und wurde 1306 ermordet).
Die beiden Florentiner Dante Alighieri und Giotto di Bondone sehen in diesem Jahr den Kometen. Giotto nimmt ihn als Modell für den Stern von Bethlehem in seinem Fresko *Die Anbetung der Weisen*, in dem die Geburt Jesu dargestellt ist (→ auch 12. v. Chr.).

1378 n. Chr. Der Halleysche Komet wird in China und Europa beobachtet. In diesem Jahr stirbt Papst Gregor XI., der mit seiner Rückkehr von Avignon nach Rom 1377 das Avignonische Exil beendete. Nach seinem Tod kommt es erneut zur Kirchenspaltung, dem Abendländischen Schisma, das bis 1414 andauert.

1456 n. Chr. Diesmal »sorgt« der Komet wiederum für einen Religionskrieg. Mohammedaner und Christen liegen im Kampf. Papst Callixtus III. soll den Kometen angeblich »exkommuniziert« haben und betet um Rettung vor dem Kometen und den Mohammedanern, die 1453 Konstantinopel eroberten und nun Belgrad belagern. Der Papst ordnet das Läuten der Kirchenglocken an, »um mit dem Gebet all denen zu Hilfe zu eilen, die im Kampf mit den Türken liegen«.

In Italien werden angeblich 30 000 Menschen Opfer eines Erdbebens. Außerdem soll der Komet den Tod von König Alfons V. von Neapel-Sizilien und König Ladislaus V. Postumus von Ungarn und Böhmen verursacht haben (beide 1458).

Paolo Toscanelli, der den Kometen von Florenz aus beobachtet, berichtet: »Sein Kopf ist rund und so groß wie ein Ochsenauge. Davon geht ein Schweif aus, fächerförmig wie bei einem Pfau. Sein Schweif war wunderbar und zog sich über ein Drittel des Himmels entlang.«

Die *Annalen* der Barfüßer-Mönche zu Straßburg berichten, »anno 1456 stand ein grosser pfawenschwantz am himmel und ward in fernen landen alss wol gesehen als uff dem Reinstrom.« Dieser »pfawenschwanz« ist der Halleysche Komet.

1531 n. Chr. Der Astronom Petrus Apian stellt erstmals fest, daß der Kometenschweif von der Sonne abgewandt ist.

Sebald Büheler erzählt in seiner *Straßburger Chronick:* »Anno 1531 im october ist ein comet an dem himmel gestanden und gesehen worden, gleich wie ein fackel ...«

1607 n. Chr. Wenngleich dies die letzte Erscheinung vor der Einführung des Fernrohrs ist, erfolgt die Beobachtung des Kometen schon weitaus wissenschaftlicher; so versucht Johannes Kepler die Bahn des Kometen zu messen. Kepler stellt anschließend seine beiden ersten Gesetze zur Planetenbewegung auf. Danach bewegen sich die Planeten auf elliptischen Bahnen und mit ungleichförmiger Geschwindigkeit um die Sonne.

Ein europäischer Astronom beobachtet, daß der Komet während der besten Sichtbarkeit wie ein »flammendes Schwert« aussieht (→ auch 66 n. Chr.). In Mexiko sollen sich viele Indios aus Furcht vor dem Kometen das Leben genommen haben.

1682 n. Chr. Halley beobachtet den Kometen, der seinen Namen tragen wird, und untersucht seine Bahn. Daraus schließt er, daß derselbe Komet schon 1531 und 1607 gesehen wurde und sagt seine Wiederkehr für das Jahr 1758 voraus.

1759 n. Chr. Der Komet, den Halley für 1758 voraussagte, kehrt pünktlich zurück. Er wird am 1. Weihnachtstag des Jahres 1758 entdeckt. 1759 zieht er durch sein Perihel. Infolge der gelungenen Vorhersage wird der Komet auf den Namen Halley »getauft«.

1835 n. Chr. Am 30. November, zwei Wochen, nachdem der Halleysche Komet in den USA zu sehen war, wird Samuel Langhorne Clemens im Bundesstaat Missouri geboren. Der unter seinem Pseudonym Mark Twain weltweit bekannt gewordene Autor glaubt an eine geheime Verwandtschaft mit dem Kometen und wünscht sich, in der Nacht seiner Wiederkehr zu sterben. Am 20. April 1910 erscheint der Halleysche Komet abermals über Nordamerika – und am darauffolgenden Tag stirbt Mark Twain.

Das astronomische Weltbild
bis zum 18. Jahrhundert

Edmond Halley erlebte seine Jugend in der 2. Hälfte des 17. Jahrhunderts. Damals befand sich die Astronomie schon seit etwa 100 Jahren in einer gewaltigen Umbruchstimmung. Bis zum 16. Jahrhundert hatte uneingeschränkt das Weltbild des Ptolemäus gegolten, das nun in zunehmendem Maße vom Kopernikanischen Weltbild verdrängt wurde.

Ptolemäus hatte zu Beginn des 2. Jahrhunderts n. Chr. in seinem berühmten Werk, dem *Almagest*, die antike griechische Astronomie zusammengefaßt. Danach steht die Erde im Mittelpunkt des Universums, um sie herum kreisen, angeheftet an festen, aber durchsichtigen Kristallsphären, Sonne, Mond und die Planeten. Hinter dem letzten Planeten, dem Saturn, liegt die »ruhende« Fixsternsphäre, vor der die anderen Himmelskörper auf idealen Kreisbahnen (genauer: Epizykelbahnen) die Erde als Zentrum umlaufen.

Das Ptolemäische Weltbild wurde mit der bis ins Mittelalter maßgebenden Philosophie des Aristoteles und den damaligen Kirchenlehren vermischt. Mit seinen Kristallsphären und idealen Kreisbahnen zeugte das geozentrische Weltbild von der Schönheit und Harmonie, die man einem vollkommenen Schöpfergott zuschrieb.

Von daher wundert es nicht, daß man dem neuen Kopernikanischen Weltbild zunächst ablehnend oder sogar feindlich gegenübertrat. In seinem berühmten Werk *De Revolutionibus Orbium Coelestium* stellte Nikolaus Kopernikus 1543 der Öffentlichkeit seine neue Weltsicht vor: Nicht die Erde, die Sonne stehe im Mittelpunkt des Universums, erklärte der in Frauenburg (Ermland) lebende Astronom. Wenngleich sich die Planeten auch bei Kopernikus noch auf idealen Kreisbahnen und nicht, wie Johannes Kepler später herausfand, auf Ellipsen um die Sonne bewegten, so war das neue Weltbild den meisten Zeitgenossen noch zu revolutionär. Insbesondere wehrte sich die Kirche gegen diese vermeintliche Irrlehre und verbot sie. Berühmtheit erlangte der italienische Gelehrte Galileo Galilei, der 1633 vor Gott und der Kirche der Kopernikanischen Lehre abschwören mußte. In England hingegen war der Widerstand des Klerus gegen die Lehre des Kopernikus nicht sehr groß. Nur 13 Jahre nach seinem Tode wurden in London zwei Bücher veröffentlicht, in denen seine Vorstellungen erläutert werden.

Der erste »handfeste« Beweis für die Richtigkeit des Kopernikanischen Weltbildes kam von dem dänischen Astronomen Tycho Brahe. Er konnte zeigen, daß sich der Komet von 1577 jenseits der Mondbahn befand, also keine Leuchterscheinung in der oberen Erdatmosphäre war, wie man bis dahin – der Ansicht des Aristoteles folgend – angenommen hatte. Den Beobachtungen Tycho Brahes zufolge mußte sich der Komet zwischen den Planeten bewegen und damit – dem Ptolemäischen Weltbild nach – durch die festen Kristallsphären stoßen. Diese Erkenntnis führte den dänischen Astronomen zur Begründung seines »Tychonischen Weltsystems«, einer Fortentwicklung der Ptolemäischen Theorie, ohne das geozentrische Weltbild völlig zu verwerfen.

Als Tycho Brahe 1601 in Prag starb, hinterließ er seinem Mitarbeiter Johannes Kepler die Aufzeichnungen seiner äußerst präzisen Beobachtungen. Damit war Kepler in der Lage zu zeigen, daß sich der Planet Mars nicht auf einer Kreisbahn, sondern auf einer elliptischen Bahn um die Sonne bewegt. Diese Tatsache, die für alle Planeten gilt und nur beim Mars wegen der großen Bahnexzentrizität überdeutlich zutage tritt, faßte Kepler 1609 in dem ersten seiner drei berühmten und nach ihm benannten Gesetze zusammen. Danach bewegen sich die Planeten auf elliptischen Bahnen, in deren einem Brennpunkt die Sonne steht. Die alte Vorstellung von idealen Kreisbahnen hatte sich somit als falsch erwiesen.

Einen weiteren astronomischen Fortschritt brachte Galileis verbessertes Himmelsfernrohr. Nun war man erstmals in der Lage, Einzelheiten auf nahen Himmelskörpern aufzulösen. Als Galilei mit seinem nach heutigen Maßstäben bescheidenen Fernrohr zum ersten Mal den Mond betrachtete, war er mehr als verblüfft: Der Mond schien entgegen der herkömmlichen Vorstellung keine ewige, leuchtende Substanz, sondern öde und kraterübersät zu sein. Außerdem entdeckte Galilei vier Monde in der Umgebung des Riesenplaneten Jupiter, die später nach ihm benannt wurden. Damit konnte er ein Problem lösen, das scheinbar im Widerspruch zur Kopernikanischen Theorie stand. Müßte nicht, so fragten die Zweifler, die Erde den Mond bei ihrer Bewegung um die Sonne zurücklassen? Wenn aber Jupiter seine Monde nicht zurückläßt, warum sollte dann die Erde den Mond hinter sich lassen?

Die neuen astronomischen Ideen und Entdeckungen, die das Kopernikanische Weltbild mit sich brachte, wurden im zweiten Viertel des 17. Jahrhunderts von dem großen französischen Philosophen René Descartes aufgegriffen. Durch das Schicksal Galileis gewarnt, veroffentlichte Descartes allerdings zahlreiche seiner mathematisch-physikalischen Erkenntnisse nur zögernd oder überhaupt nicht.

1644, zwölf Jahre vor Halleys Geburt, stellte Descartes in seinem Werk *Principia Philosophiae* eine komplexe Theorie vor, derzufolge der Kosmos voller Materiestrudel sei. Diese Strudel würden glühende Teilchen enthalten und sich zu neuen Sternen verdichten. Dabei werde der Zentralstern in der Mitte jedes Wirbels so lange mit dickeren Teilchen bedeckt, bis sein Licht schließlich völlig absorbiert sei. Infolge eines fehlenden, nach außen gerichteten Drucks kollabiere der Stern und bilde einen Planeten, der dann entweiche und von einem anderen Wirbel eingefangen werde, dessen Zentralstern er fortan umkreise.

Descartes' Wirbeltheorie erscheint heute weit hergeholt. Im wesentlichen unternahm sie den kühnen Versuch, verschiedene Naturerscheinungen auf logische Weise zu erklären. Unter anderem bildete sie die, wenn auch überholte, Grundlage für die Kosmogonie des Planetensystems. Sicherlich wurde auch Edmond Halley von Descartes' Theorien beeinflußt, die an den englischen Universitäten gelehrt wurden, als er Oxford besuchte. Wenngleich Halley selber kein Weltbild zerstörte oder ein neues aufstellte, so mag er doch etwas von dem »geistigen Feuer« dieser Zeit verspürt haben, das von Nikolaus Kopernikus bis zu seinem Zeitgenossen Isaac Newton weitergereicht wurde und auch heute noch nicht erloschen ist.

Leben und Wirken Edmond Halleys

Edmond Halley war »von mittlerer Statur, eher groß als klein, schlank und von heller Gesichtsfarbe. Er war außergewöhnlich lebhaft und munter.« So steht es jedenfalls in der *Biographica Britannica*, die 15 Jahre nach Halleys Tod erschien.

Die *Biographica Britannica* zitiert auch einen Zeitgenossen, der Halleys Charakter folgendermaßen beschrieb: »Der Ruf und das Ansehen anderer beunruhigte ihn nicht; krankmachender Neid und ängstliches Konkurrenzdenken waren seinem Wesen fremd. Er blieb gelassen gegenüber übertriebenen Vorurteilen, die ein Volk begünstigten, alle anderen aber beleidigten. Als Freund, Landsmann und Schüler von Newton sprach Halley von dem Franzosen Descartes mit Respekt.«

Besonders im Alter habe Halley »Frohsinn und einen reifen Humor [gezeigt], den weder seine abstrakten Spekulationen, noch seine Altersschwächen und die Lähmung, die er einige Jahre vor seinem Tode bekam, beeinträchtigen konnten. Diese glückliche Veranlagung, die gleichermaßen ein Geschenk der Natur war, verband sich zudem noch mit einer Seelenruhe, die Halley eine wahre menschliche Größe verlieh.«

Selbst wenn die Beschreibungen seiner Zeitgenossen leicht übertrieben klingen, so scheint Halley doch ein bemerkenswerter Mann gewesen zu sein. Er war bescheiden, charmant, leutselig, liebenswürdig, vertrauens- und verantwortungsvoll, fleißig, kontaktfreudig, sanftmütig und immer offen für neue Ideen.

Hätte Halley nicht zur gleichen Zeit wie Isaac Newton gelebt, würde er sicherlich als der größte englische Naturforscher seiner Epoche gelten. Wenngleich Halley heute allein wegen »seines«

Kometen berühmt ist, so war er doch insgesamt ein hervorragender, vielseitiger Astronom und Wissenschaftler, dessen Interessen auf mehreren Gebieten lagen. Dazu gehörten unter anderem Navigation, Magnetismus und Studien zur Kosmologie.

Edmond Halley wurde am 29. Oktober 1656 in Haggerston geboren, das am östlichen Ende Londons lag und damals noch ländlich war. Seine Eltern hatten nur sieben Wochen vor seiner Geburt geheiratet. Dieser Tatsache darf allerdings kein allzu großes Gewicht beigemessen werden, denn es gibt eine einfache Erklärung: 1653 war vom Parlament ein Gesetz verabschiedet worden, dem zufolge man erst dann kirchlich heiraten konnte, wenn man zuvor standesamtlich geheiratet hatte und registriert war. So kann es gut sein, daß Halleys Eltern schon einige Zeit vor der kirchlichen Trauung standesamtlich die Ehe geschlossen hatten.

Halleys Vater, der ebenfalls Edmond hieß, verdiente sich seinen Lebensunterhalt als Seifen- und Salzhersteller. Darüber hinaus bezog er wahrscheinlich noch ein Einkommen aus einem verpachteten Grundstück in der Stadt. Halleys Bruder Humphrey starb schon in der Jugend und seine Schwester Katherine bereits in der Kindheit. Über Halleys Mutter ist wenig bekannt. Sie wurde am 24. Oktober 1672 begraben, fünf Tage vor Halleys 16. Geburtstag.

Wie Halley seine frühe Jugend verbrachte, bleibt im dunkeln. Wir wissen, daß er die St. Paul-Schule besuchte, wo John Milton und Samuel Pepys Schüler gewesen waren. Die Schule wurde beim großen Feuer von 1666 zerstört und gerade während der Zeit, als Halley dort war, wieder neu aufgebaut. Wann genau Halley diese Schule besuchte, ist allerdings unbekannt.

An der St. Paul-Schule dürfte Halley in den damals traditionellen Fächern Latein, Griechisch und Mathematik unterrichtet worden sein. Auch wird man ihm wohl die praktische Anwendung der Mathematik in der Astronomie und Navigation beigebracht haben. Halley selber hat berichtet, daß er von der »zartesten Jugend« an leidenschaftlich an der Astronomie interessiert war.

1671 wurde Halley Primus seiner Schule, denn er war nicht nur intelligent, sondern zeigte auch Verantwortungsbewußtsein und Führungsqualitäten – Eigenschaften, die er in seinem späteren Leben, insbesondere während zweier Forschungsreisen nach Übersee, unter Beweis stellen sollte. 1672 machte Halley eine Messung zur magnetischen Kompaßabweichung. Dies war seine erste wissenschaftliche Beobachtung, die aufgezeichnet ist. 1673 besuchte Halley das Queen's College in Oxford, wo er später Professor wurde. Er besaß nun nicht nur eine solide Ausbildung in Latein und Griechisch, sondern auch in Hebräisch, das man benötigte, um die Bibel zu studieren. Um die Studien seines Sohnes zu fördern, kaufte Halleys Vater seinem Sohn großzügig ein paar astronomische Instrumente, darunter ein fast 8 m langes Teleskop und einen Sextanten. Damit war Halley für eine steile Karriere in der Astronomie ausgerüstet.

In Oxford hatte er das große Glück, unter den Einfluß von zwei hervorragenden Professoren zu geraten: Der eine war der Mathematiker John Wallis (1616–1703), der während des englischen Bürgerkrieges Nachrichten der Königtreuen entschlüsselt hatte, der andere war der Astronom Edward Bernard (1638–1696).

Während seiner Studentenzeit beobachtete Halley regelmäßig mit seinem Teleskop und war daher 1675 in der Lage, an keinen geringeren als an John Flamsteed, den ersten Königlichen Astronomen, zu schreiben. Ihm berichtete Halley von seinen Beobachtungen, die er während einer Mondfinsternis angestellt hatte. Dies zeigt, daß Halley ein großes Selbstvertrauen in seine eigene Leistung besaß, was auch dadurch bestätigt wird, daß er Flamsteed berichtete, er hätte in dem Sternenkatalog des berühmten dänischen Astronomen Tycho Brahe (1546–1601) Fehler gefunden.

Flamsteed, mit dem Halley für die nächsten 40 Jahre in engem wissenschaftlichen Kontakt stehen sollte, wenn auch nicht immer mit fruchtbarem Ergebnis, war zehn Jahre älter. Im März 1675 war er von König Karl II. zum ersten Königlichen Astronomen ernannt worden, zum »Astronomer Royal«. Im folgenden Jahr zog Flamsteed nach Greenwich, wo gerade das neue Königliche Observatorium in Konkurrenz zur französischen Sternwarte in Paris errichtet worden war. Als Flamsteed 1719 starb, wurde Halley sein Nachfolger als »Astronomer Royal«.

1675 begann Halley eine Arbeit über die Planetenbewegung, in der er das Lebenswerk Johannes Keplers (1571–1630) weiterentwickelte, der gezeigt hatte, daß sich die Planeten nicht auf Kreisbahnen, sondern auf elliptischen (länglichen) Bahnen um die Sonne bewegen. Dies war Halleys erste wissenschaftliche Arbeit. Sie wurde in den *Philosophical Transactions*, der Zeitschrift der »Royal Society«, der obersten wissenschaftlichen Gesellschaft in Großbritannien, veröffentlicht. Damit setzte Halley im Alter von erst 19 Jahren zugleich einen hoffnungsvollen und klugen Anfang für seine Karriere.

Im Alter von 20 Jahren verließ Halley Oxford, ohne einen Studienabschluß gemacht zu haben. Er plante, auf die Insel St. Helena zu gehen, um eine Sternkarte des südlichen Sternenhimmels anzufertigen. Warum Halley noch vor seinem Abschlußexamen Oxford verließ, bleibt unklar. Vermutlich war er voller Ungeduld und wollte als junger Mann seine Karriere rasch fortsetzen, woran er sich in Oxford gehindert sah.

Die Sterne am Himmel dienen den Astronomen und Seeleuten seit alters als Bezugspunkte. Darum ist es wichtig, genaue Karten von ihren Himmelspositionen zur Verfügung zu haben. Berühmte Astronomen wie Giovanni Domenico Cassini (1625–1712) in Paris, Johannes Hevelius (1611–1687) in Danzig und John Flamsteed in London konzentrierten sich bei ihren Arbeiten auf die Sterne des nördlichen Himmels. Einen Katalog der südlichen Sterne zusammenzustellen schien deshalb für einen jungen Astronomen eine ideale Aufgabe zu sein, um sich einen Namen zu machen.

Die Insel St. Helena ist eine britische Kronkolonie im Südatlantik. Die Insel wurde 1502 von portugiesischen Seefahrern entdeckt und vermutlich 1659 von der »East India Company«, der mächtigen britischen Handelsgesellschaft, annektiert. Napoleon Bonaparte lebte von 1815 bis zu seinem Tod 1821 als Verbannter auf dieser Insel. St. Helena ist rund 120 Quadratkilometer groß und liegt weit genug auf der südlichen Halbkugel, so daß Halley eine Karte von den relativ unbekannten südlichen Sternen anfertigen konnte.

Um nach St. Helena zu reisen, benötigte Halley eine Erlaubnis der Regierung und des Königs sowie auch der »East India Company«. Für sein Vorhaben erhielt Halley Unterstützung von John Flamsteed und Henry Oldenburg, einem ehrenamtlichen Schriftführer der »Royal Society«. Der König gab unverzüglich sein Einverständnis, ebenso die »East India Company«, möglicherweise in der Hoffnung, daß die Reise Fortschritte für die Navigation mit sich bringen würde, wovon die Gesellschaft hätte profitieren können.

Im Februar 1677 landete die Expedition auf der Insel, und Halley sowie sein Gehilfe, ein Mr. Clarke, errichteten an einem Hang eine Sternwarte. Entgegen den Erwartungen war das Wetter schlecht, und die Gestirne ließen sich nur schwer beobachten. Ende November schrieb Halley an Sir Jonas Moore, einen Förderer seiner Forschungsreise, und teilte ihm mit, daß »die Insel fast immer wolkenverhangen ist, so daß mitunter für Wochen keine Beobachtungen möglich sind, und ist es dann einmal klar, können wir nicht viele Sterne beobachten, denn das gute Wetter hält nicht sehr lange an. Bei meiner Rückkehr werde ich nicht die Hälfte der angestrebten Arbeit fertig haben, und ich habe fast die Hoffnung aufgegeben, das zu erreichen, was Ihr von mir erwarten dürftet.«

Hinzu traten Konflikte mit dem Gouverneur der Insel, Gregory Field. Dieser behandelte Halley äußerst unhöflich; später bekam er auch erhebliche Schwierigkeiten mit der »East India Company«, so daß er Anfang 1678 von seinem Posten enthoben wurde.

Trotz der Probleme mit dem Wetter hatte Halley die Positionen von 341 Sternen bestimmen können; zudem machte er eine Reihe weiterer Beobachtungen und Entdeckungen. Unter anderem mußte er, um die richtige Zeit zu bekommen, das Pendel seiner Uhr verlängern, da sich die Erdabplattung in Äquatornähe stärker bemerkbar macht als in europäischen Breiten. Ferner beobachtete er einen Merkurdurchgang vor der hellen Sonnenscheibe und kam so auf die Idee, daß man mit Hilfe eines Venusdurchgangs die Entfernung Sonne–Erde bestimmen könne. Venusdurchgänge treten im Mittel alle 122 Jahre als »Paare« mit einem zeitlichen Abstand von acht Jahren auf. Die letzten Venusdurchgänge fanden 1874 und 1882 statt. 50 Expeditionen, ausgerüstet mit Astrographen und Heliometern, verfolgten damals das seltene Naturschauspiel, um mit den genauen Beobachtungen den Abstand Sonne–Erde, die sog. Astronomische Einheit, zu bestimmen. Die nächsten Venusdurchgänge vor der Sonne werden sich am 7. Juni 2004 und am 5. Juni 2012 ereignen. Der nächste Merkurdurchgang findet am 13. November 1986 statt.

Im Mai 1678 kehrte Halley wieder nach England zurück. Seine wissenschaftlichen Ergebnisse wurden als *Catalogus Stellarum Australium (Katalog der südlichen Sterne)* veröffentlicht. Zum ersten Male wurden Sternpositionen bekanntgemacht, die mit einem Fernrohr und nicht mit bloßem Auge gewonnen worden waren, wie es noch bei Tycho Brahe der Fall war. Neben anderen astronomischen Informationen – wie dem Merkurdurchgang – erwähnt Halley in seinem Buch, wie man mit Hilfe des Mondes die geographische Länge auf See bestimmen könne.

Zu jener Zeit gehörte noch ein Großteil des astronomischen Wissens zum Handwerkszeug der Seefahrer. Mit Hilfe der Positionen der Himmelskörper konnten sie ihre Schiffe auf dem richtigen Kurs steuern. Ende des 17. Jahrhunderts hatte sich der Überseehandel rasch ausgedehnt, und es war eine heftige Konkurrenz zwischen Engländern, Holländern, Portugiesen und Franzosen entstanden. Um zu wissen, wo man sich mit seinem Schiff auf dem weiten Meer befand – nicht nur ungefähr, sondern genau –, mußte ein Navigator die geographische Länge und Breite herausfinden.

Die geographische Breite ist der Winkelabstand vom Erdäquator. Man findet sie recht einfach, wenn man mit einem Sextanten tagsüber die Höhe der Sonne oder nachts (am Nordhimmel) die Höhe des Polarsterns mißt. Im ersten Fall benötigt man noch eine Tabelle mit der scheinbaren jährlichen Sonnenbewegung.

Die geographische Länge, den östlichen oder westlichen Abstand von einem Standardmeridian, zu finden ist weitaus schwieriger. (Ein Standardmeridian ist ein Nullmeridian, z. B. die Nord-Süd-linie, die durch Greenwich verläuft.) Man muß dazu die Ortszeit des Schiffes mit einer Standardzeit (z. B. der Weltzeit) verglei-chen. In Halleys Tagen gingen die Uhren noch nicht genau genug, um sie für einen solchen Zweck zu verwenden. Man glaubte, den Erdmond als einen riesigen Uhrzeiger nehmen zu können, der eine Standardzeit vor dem Hintergrund der Sterne, dem »Ziffern-blatt«, anzeigt. Doch der Mond bewegt sich am Himmel äußerst unregelmäßig, und seine Bahn läßt sich nur für 18 Jahre mit hinreichender Genauigkeit vorhersagen. Halley widmete sich schließlich der Aufgabe, den Mond während einer 18jährigen Sa-rosperiode zu verfolgen, als er 1720 zum »Astronomer Royal« be-rufen wurde. Es ist in der Tat bemerkenswert, daß er schon im Alter von 21 Jahren über dieses bedeutende Problem der Seefahrt nachdachte.

Zu Halleys Zeiten kehrten viele Schiffe nicht mehr in ihre Hei-mathäfen zurück, weil sie auf See die Orientierung verloren hat-ten. Dr. Stuart Malin, Chef des Departments für Astronomie und Navigation an der alten Königlichen Sternwarte Greenwich, sieht das damalige Bedürfnis nach einer exakten Bestimmung der Mondbahn gleichbedeutend mit der heutigen Suche nach ei-nem Heilmittel gegen Krebs. In einem Brief an den Dekan der Westminsterabtei trug er im Juli 1984 diesen Gedanken vor, ver-bunden mit der Vorstellung, daß Edmond Halley in der Westmin-sterabtei eine Gedenknische verdient hätte.

Der *Katalog der südlichen Sterne* wurde im November 1678 veröf-fentlicht. Robert Hooke (1635–1703) hatte die Ehre, ihn vor die »Royal Society« zu bringen, und im folgenden Jahr wurde der Ka-talog ins Französische übersetzt. Halley schenkte König Karl II. als Dank für dessen Unterstützung bei der Expedition eine Stern-karte mit den Sternen und Sternbildern. Zu Ehren des Königs bereicherte er den Himmel um ein neues Sternbild, das er *Robur Carolinum*, die »Karlseiche«, taufte, hinter der sich der König nach seiner Niederlage in der Schlacht von Worcester 1651 ver-steckt haben soll.

Halley war auf die Fürsprache des Königs angewiesen, um seinen Titel zu erhalten, den er infolge seiner vorzeitigen Abreise aus Oxford versäumt hatte. So wurde er im Dezember 1678 zum Magister artium ernannt. Von Flamsteed wurde ihm formlos noch der Titel »Tycho des Südens« verliehen, in Erinnerung an den dänischen Astronomen Tycho Brahe, der die Positionen vieler nördlicher Sterne bestimmt hatte.

1679 besuchte Halley den deutschen Astronomen Johannes Hevelius, der in Danzig lebte. Die Reise hatte den Segen der »Royal Society«, denn man war bestrebt, einen Streit zu schlichten, der zwischen Hevelius und den Engländern Flamsteed und Robert Hooke entflammt war. Es ging um die Art der Visiere bei Beobachtungsinstrumenten. Hevelius bevorzugte offene Visiervorrichtungen (ähnlich den Gewehrvisieren), während Flamsteed und Hooke von der Überlegenheit der Teleskopvisiere überzeugt waren, die seit den 70er Jahren des 17. Jahrhunderts systematisch die offenen Visiere ersetzten.

Die Verfechter der Teleskopvisiere behaupteten, daß es keine Rolle spielen würde, wie raffiniert das Beobachtungsinstrument gebaut sei – solange es ein offenes Visier habe, bliebe es unvermeidbar auf das Leistungsvermögen des bloßen Auges beschränkt. Andererseits wies Hevelius darauf hin, daß Teleskopvisiere den Nachteil besäßen, für unerwünschte optische Effekte anfällig zu sein. Im Prinzip hatten die Engländer recht, denn nur teleskopische Visiervorrichtungen können vergrößern und Gegenstände besser auflösen als das menschliche Auge. Damals steckte die Entwicklung der Teleskopvisiere allerdings noch in den Kinderschuhen, so daß Hevelius mit Recht an ihrer Verläßlichkeit zweifeln durfte.

Der Streit wurde heftiger, als 1673 der erste Teil von Hevelius' berühmtem Werk *Machina Coelestis (Himmelsmaschine)* erschienen war. Darin wurde erklärt, daß Hevelius bei all seinen Instrumenten offene Visiere benutzt hatte. Flamsteed und besonders Hooke machten daraufhin öffentlich bekannt, daß sie an der Verläßlichkeit von Hevelius' Entdeckungen zweifelten. Verständlicherweise war Hevelius, der ein äußerst genauer, geschickter und erfahrener Astronom war, über diese Behauptungen erbost, zumal Flamsteeds eigene Beobachtungsergebnisse mit teleskopischen Visiereinrichtungen keineswegs genauer waren als seine eigenen. Sein mit großer Mühe fertiggestelltes Werk wurde aufgrund theoretischer Spekulationen, für die es keine konkreten Beweise gab, in Frage gestellt – so jedenfalls muß es Hevelius empfunden haben.

Henry Oldenburg von der »Royal Society«, zu deren Mitglied Hevelius 1664 gewählt worden war, versuchte sich einzuschalten und beide Seiten zu beruhigen. Zur selben Zeit schrieb Halley an Hevelius einen höflichen Brief. Vermutlich war er von der »Royal Society« darum gebeten worden, da die Gesellschaft nichts mit Hookes Kritik zu tun haben wollte und die beiden Seiten zu versöhnen wünschte. Halley schickte eine Kopie seines neu veröffentlichten Katalogs des Südhimmels mit und schloß den Brief mit dem Wunsch, Hevelius in Danzig besuchen zu dürfen, um dessen astronomische Meßmethoden verstehen zu lernen. Damit drückte Halley zugleich sein Vertrauen gegenüber Hevelius aus, der zu den namhaftesten Astronomen in Europa zählte. Zudem war Halley die ideale Person, um zwischen Hooke und Hevelius zu vermitteln, denn er war in der Lage, die wesentlichen Gesichtspunkte der verschiedenartigen Ansichten zu verstehen, und besaß dazu viel diplomatisches Geschick.

Halley traf im Mai 1679 in Danzig ein und blieb dort zwei Monate. Bereits nach zehn Tagen schrieb er an Flamsteed und berichtete ihm von Hevelius' Instrumenten, insbesondere von dem 2 m Sextanten, der sich nur mit Hilfe von zwei Leuten bedienen ließ (von denen einer allerdings keine astronomischen Kenntnisse zu besitzen brauchte). Weitaus wichtiger war, daß Halley bestätigte, Hevelius würde mit seinen Methoden ständig einen hohen Genauigkeitsgrad bei seinen Messungen erzielen.

Halley war für Hevelius ein bemerkenswerter Gast, der sich für alles, was er sah, interessierte und zudem äußerst freundlich war. Sehr vorsichtig bat er Halley vor dessen Abreise aus Danzig um ein Gutachten über die Instrumente und Ergebnisse der gemeinsamen Messungen. Halley erklärte sich gerne dazu bereit, und

Hevelius veröffentlichte das Gutachten im Rahmen ihrer gemeinsamen Beobachtungen in seinem Buch *Annus Climactericus*, das sechs Jahre darauf erschien. Zumindest für den Augenblick mußte Hevelius geglaubt haben, daß er und seine Meßmethoden nun gerechtfertigt seien.

Als das Buch zum ersten Male in England gelesen wurde, fanden sich ein paar kleine Fehler im Text von Hevelius. So würdigte dieser mit keinem Wort, daß Halley aus eigenem Antrieb nach St. Helena gereist war, und er bezeichnete fälschlicherweise Halleys Quadranten als einen Sextanten. Außerdem behauptete Hevelius, vielleicht aus Altersgründen und einem zurückgebliebenen Schmerz über den ganzen Streit um die offenen und teleskopischen Visiereinrichtungen, daß Halley nach Danzig geschickt worden war, einzig und allein, um ihm nachzuspionieren. Ferner gab Hevelius vor, Halley sei ausdrücklich auf sein Geheiß nach St. Helena geschickt worden. Wegen dieser wilden Behauptungen bezeichnete Halley, der bis dahin ein Freund und Verbündeter Hevelius' gewesen war, ihn in einem Brief als »einen mürrischen, alten Herrn, der es nicht wahrhaben wolle, wenn jemand besser als er selbst sei...«.

Halley setzte die Korrespondenz mit Hevelius nach Jahren auf freundliche Weise fort, und er war auch sehr betroffen, als kurz nach seiner Rückkehr aus Danzig eine unbegründete Nachricht von Hevelius' Tod in London eintraf. Kurz nach diesem Gerücht erreichte Halley allerdings eine Nachricht, die sich als zutreffend erwies: ein katastrophales Feuer hatte Hevelius' Sternwarte niedergebrannt. Diese Sternwarte war damals die prächtigste in ganz Europa, wenn nicht sogar auf der ganzen Welt, und ihre Instrumente, Bücher und astronomischen Aufzeichnungen waren nun für immer verloren. Hevelius bewies allerdings große Entschlossenheit, als er in den späten 60er Jahren (des 17. Jahrhunderts) eine neue Sternwarte mit finanziellen Spenden aus ganz Europa aufzubauen begann.

Im Dezember 1680 trat Halley, inzwischen Mitglied der »Royal Society«, den damaligen Gepflogenheiten entsprechend eine Bildungsreise durch Frankreich und Italien an. Kurz vor der Abreise sah er am Himmel einen helleuchtenden Kometen. Als er mit seinem Reisebegleiter in Paris eintraf, stellte er fest, daß auch sein Gastgeber Cassini, der Direktor der Pariser Sternwarte, an dem Kometen interessiert war. Im Januar schrieb Halley von Paris aus an Hooke:»Das allgemeine Gespräch der Künstler und Gelehrten geht über den Kometen, der nun zwar sichtbar, infolge des schlechten Wetters aber nur sehr selten zu beobachten ist. Ich werde dafür sorgen, daß alles, was hier über ihn bekannt wird, zu Euch gesandt wird, und ich hoffe, daß Ihr mir einen ebensolchen Gefallen tut, wenn Ihr mir von England aus schreibt.«

Im Mai 1681 schrieb Halley nochmals an Hooke und berichtete ihm, daß es Cassini für denkbar halte, daß der neue Komet der gleiche sei, den schon Tycho Brahe 1577 bemerkt habe, und daß beide Kometen Ähnlichkeiten mit dem Kometen von 1665 aufwiesen. Es ist interessant, daß Halley glaubte, Hooke würde sich kaum mit der Vorstellung vom»mehrfachen« Kometen anfreunden können. So schrieb er:»Ich weiß, daß Ihr Cassinis Bemerkung nur schwer akzeptieren werdet, doch gleichzeitig ist es sehr verblüffend, daß drei Kometen so exakt auf der gleichen Bahn am Himmel und mit etwa gleicher Geschwindigkeit einherziehen.«

Die Annahme, daß ein und derselbe Komet mehr als einmal am Himmel auftaucht, muß von großer Bedeutung dafür gewesen sein, daß Halley später die Bahn»seines« nach ihm benannten Kometen berechnete und dessen Wiederkunft vorhersagte.

Während Halley in Paris im Auftrag der»Royal Society« und Robert Hookes neue wissenschaftliche Bücher aussuchte, schenkte er auch der Größe und Bevölkerung von Paris seine Aufmerksamkeit. In seinem zweiten Brief an Hooke berichtete er, daß »Paris nicht soviel Häuser wie London habe, doch da mehr Menschen in einem Hause wohnen, scheint die Stadt insgesamt mehr Einwohner als London zu besitzen. Das bestätigen auch die Todes- und Taufzahlen; allein im letzten Jahr 1680 wurden 24 411 Personen beerdigt, wohingegen 20 000 für London schon eine hohe Zahl ist. Die Taufen liegen bei 19 000, während es bei uns gewöhnlich 12 oder 13 Tausend pro Jahr sind...«

Im November 1681 kam Halley in Rom an, wo er die Überreste der alten römischen Kultur bewunderte. Halley mußte seine Reise jedoch plötzlich wegen unerwarteter Familienangelegenheiten abbrechen, die möglicherweise mit der Wiederheirat seines Vaters zu tun hatten. So traf er Anfang 1682 wieder in England ein. Im selben Jahr sollte auch der Halleysche Komet am 15. September durch den sonnennächsten Punkt, das Perihel, ziehen.

Im April heiratete er Mary Tooke. Nach zeitgenössischen Aussagen war Mary »eine junge, liebenswerte Person voller Anmut und Schöngeist«, dazu »eine angenehme junge Dame mit einem wirklich wertvollen Charakter; sie war seine einzige Frau, mit der er sehr glücklich und in Eintracht fast 54 Jahre zusammenlebte«. Halley zog mit seiner Frau in das Dorf Islington, das nicht weit von London entfernt lag. In seinem neuen Haus errichtete der Astronom eine kleine Sternwarte und begann den Mond während einer 18jährigen Sarosperiode zu beobachten, um das Problem zu lösen, wie sich die geographische Länge auf See hinreichend genau bestimmen ließ. Zwei Jahre später mußte er jedoch das langwierige Beobachtungsprogramm abbrechen, da sein Vater starb. Erst als er 1720 »Astronomer Royal« wurde, konnte er es wieder aufnehmen.

Im folgenden Jahr, 1683, veröffentlichte Halley zwei Arbeiten in den *Philosophical Transactions*, der Zeitschrift der »Royal Society«. Die erste betraf den Planeten Saturn und einen seiner Monde; die zweite behandelte den Erdmagnetismus. Es war schon seit langem bekannt, daß eine Kompaßnadel von der astronomischen Nord-Süd-Richtung um eine bestimmte Gradzahl abweicht. Dieser sog. Deklinationswinkel, auch »magnetische Mißweisung« genannt, änderte sich, je nachdem wo man sich gerade auf der Erdoberfläche befand. Nötig war daher eine Theorie, mit der man die magnetische Mißweisung erklären konnte. Halley hatte sich bereits auf seiner Reise nach St. Helena für den Schiffskompaß interessiert und stellte in seiner Arbeit die Hypothese auf, daß die Erde nicht bloß zwei, sondern vier magnetische Pole besäße, wobei die Kompaßnadel immer von dem Pol, der ihr am nächsten liege, beeinflußt werde. Wenngleich Halleys neue Theorie genial war, so war sie doch, wie wir heute wissen, falsch. Immerhin lenkte sie das allgemeine Interesse der Naturforscher auf den Erdmagnetismus, war also somit nicht ganz vergebens.

1684 starb Halleys Vater unter ziemlich mysteriösen Umständen. Eines Morgens im März verließ Edmond Halley Senior das Haus und kehrte nicht mehr zurück, Seine Frau, aufs äußerste beunruhigt, schrieb in der *Gazette* einen Finderlohn von 100 Pfund aus für denjenigen, der ihren Mann tot oder lebendig entdeckte. Fünf Tage später wurde Halleys Vater in der Nähe von Rochester am Flußufer tot aufgefunden. Ein Nachrichtenblatt von 1684 weiß darüber folgendes zu berichten:»Ein armer Junge ging am Wasser entlang und entdeckte zufällig den Körper eines toten Mannes, der nackt und nur mit seinen Schuhen und Strümpfen bekleidet dalag. Er teilte diese grausige Entdeckung unverzüglich einigen anderen mit, was auch ein Herr erfuhr, der die Anzeige im *Gazette* gelesen hatte. Dieser reiste sofort nach London und überbrachte Mrs. Halley die traurige Nachricht. Außerdem versicherte er ihr, daß er es allein aus moralischer und christlicher Überzeugung getan hätte. Das Geld solle sie ganz dem armen Jungen geben, der ihren Mann gefunden und den Finderlohn gerechterweise verdient hätte.«

Mrs. Halley schickte den Neffen ihres Gatten zur Leichenidentifizierung. Dieser erkannte die Schuhe wieder, die er selber noch kurz zuvor vom Innenfutter befreit hatte, damit sein Onkel bequemer laufen konnte. Es ist nicht sicher, ob Halleys Vater ermordet wurde oder Selbstmord beging. Das Gericht entschied damals, man habe ihn umgebracht.

Nach dem Tod seines Vaters wurde Halley in einen Rechtsstreit mit seiner Stiefmutter über die Testamentsauslegung verwickelt und Mrs. Halley noch von dem Mann, der ihr von der Leiche ihres Mannes berichtet hatte, einem gewissen Adams, wegen der 100 Pfund Finderlohn verklagt. Seine »moralische und christliche Überzeugung« hatte nicht lang vorgehalten. Der Richter, der den Fall übernahm, entschied, daß Mr. Adams 20 Pfund bekommen solle, der restliche Finderlohn aber den Erziehern des armen Jungen zustehen würde, der die Leiche als erster entdeckt hatte. Es handelte sich dabei um Richter Jeffreys, der 1685 wegen seiner Blutgerichte berüchtigt wurde, als er den Herzog von Monmouth und dessen Verbündete nach einem fehlgeschlagenen Aufstand gegen König Jakob II. verurteilte.

Anfang 1684 widmete sich Halley den Gesetzen der Planetenbewegung, die zu Beginn des Jahrhunderts von Johannes Kepler aufgestellt worden waren. Halley interessierte sich besonders für das dritte Keplersche Gesetz, dem zufolge sich das Quadrat der Umlaufszeit eines Planeten direkt proportional zum Kubus (3. Potenz) der großen Halbachse der Bahn verhält. Halley ging es vor allem um die Art der Anziehung, welche die Sonne auf einen Planeten ausüben mußte, damit das dritte Keplersche Gesetz Gültigkeit besitzt. Halley hatte versucht, das Problem auszuarbeiten, und war auch schon zu einer Lösung gelangt. Was ihm fehlte, war ein geometrischer Beweis für seine Antwort, ohne den er nicht weiter vorankommen konnte.

Robert Hooke hatte sich ebenfalls mit diesem Problem beschäftigt und behauptete, die notwendigen Beweismittel zu besitzen. Doch aus irgendwelchen Gründen schien Hooke nicht bereit zu sein, diesen langersehnten Beweis zu veröffentlichen. Selbst als Sir Christopher Wren, der berühmte Architekt und Mitglied der »Royal Society«, einen kleinen Preis für denjenigen aussetzte, der als erster den Beweis liefern könne – ein Buch im Wert von zwei Pfund, das sich der Gewinner aussuchen sollte –, ließ sich Hooke nicht dazu bewegen, »seinen« Beweis preiszugeben. Halley verlor daraufhin die Geduld mit Hooke und entschied, selber nach Cambridge zu reisen, um die Hilfe von Isaac Newton (1642–1727), der einen Ruf als hervorragender Mathematiker besaß, in Anspruch zu nehmen.

Im August 1684 besuchte Halley Newton zum ersten Mal. Dem Halley-Biographen Colin Ronan zufolge waren die Ergebnisse »... von solcher Tragweite, daß man zu Recht sagen kann, sie haben den ganzen Verlauf der Physik geändert.«

Als Halley Newton das Problem bezüglich des dritten Keplerschen Gesetzes vortrug, erkannte dieser es sofort und erklärte, er habe es gelöst und würde Halley den Beweis zusenden, sobald er ihn in der Hand hätte. Darüber war Halley offensichtlich überrascht und erfreut zugleich. Auch wurde sich Halley im Gespräch mit Newton bewußt, daß dieser auch auf anderen verwandten Gebieten einiges geschaffen hatte, was von äußerster Wichtigkeit war. In dem menschenscheuen Isaac Newton hatte Halley einen wissenschaftlichen »Schatz« gefunden.

Bei seinem zweiten Besuch erwies Halley der Wissenschaft einen großen Dienst, indem er Newton überredete, seine Ideen systematisch niederzuschreiben. Vieles von Newtons bedeutender Arbeit war schon 1665 formuliert worden, doch schien er niemals den Antrieb besessen zu haben, seine Ideen anderen mitzuteilen. Nun begann er, von Halley angeregt und ermuntert, sein größtes Werk, das er erst nach 18 Monaten fertigstellen sollte, niederzuschreiben.

Im Mai 1686 gab die »Royal Society« bekannt, sie wolle Newtons Werk veröffentlichen. Doch es zeigte sich, daß die Geldmittel der Gesellschaft zu knapp waren, so daß das Vorhaben aufgegeben werden mußte. So mußte Halley zu Hilfe kommen. Er war entschlossen, das Buch im Interesse der Wissenschaft so bald wie möglich zu publizieren, und entschied sich dafür, das ganze Projekt selber zu finanzieren, obwohl er wahrlich nicht reich war.

Nun schien Robert Hooke, der ja schon früher im Streit mit Hevelius gelegen hatte, die Drucklegung des Buches zu gefährden. Er wünschte nämlich im Vorwort von Newtons Werk erwähnt zu werden, da dieser angeblich Material von ihm benutzt hätte. Newton war über diese Behauptung empört und entschied später, als er des ganzen Streites überdrüssig geworden war, daß der dritte Teil seines Werkes nicht veröffentlicht werden sollte.

Halley war darüber sehr beunruhigt, denn gerade der dritte Teil enthielt wichtige Untersuchungen über Kometen, Planeten und Gezeiten. Daher brachte er sein ganzes diplomatisches Können auf, um Newton umzustimmen, was ihm schließlich gelang. Im Juli 1687 erschien Newtons großes Werk, die *Philosophiae Naturalis Principia Mathematica*, die man kurz als *Principia* bezeichnet. Halley nannte sie eine »göttliche Abhandlung«, vielleicht das größte wissenschaftliche Werk, das jemals geschrieben wurde.

Halleys Beitrag zu dem ganzen Projekt war nicht minder wichtig: Zunächst veranlaßte er Newton, seine Ideen niederzuschreiben; dann las und korrigierte er die Druckbögen und schlichtete schließlich den Streit zwischen Newton und Hooke. Zu guter Letzt bezahlte er noch alles aus der eigenen Tasche. Mitte des 19. Jahrhunderts schrieb Augustus de Morgan: »Wenn Halley nicht gewesen wäre, wäre das Werk [die *Principia*] höchstwahrscheinlich nie gedacht, die Gedanken wären nie niedergeschrieben und das Niedergeschriebene wäre nie gedruckt worden.«

Anfang 1686 wurde Halley Protokollführer der »Royal Society«. Unter anderem gehörte es zu seinen Aufgaben, den Sekretären bei der Durchführung und Berichterstattung von Zusammentreffen zu helfen und die *Philosophical Transactions* herauszugeben.

Als offizieller, bezahlter Angestellter der »Royal Society« sollte er sich zuförderst darum kümmern, den Schriftverkehr, den die Gesellschaft mit bedeutenden in- und ausländischen Gelehrten zu führen pflegte, zu verbessern. Halley war – verglichen mit heutigen Maßstäben – sozusagen der Pressechef der »Royal Society«, der sich um Neuigkeiten aus Biologie, Frühgeschichte, Geographie und Astronomie zu kümmern hatte. Die beiden folgenden Auszüge aus Briefen, die Halley an seinen alten Oxforder Professor John Wallis richtete, zeigen etwas von dem Interessenbereich, mit dem sich Halley und die »Royal Society« damals beschäftigten. Der zweite Auszug ist zudem recht amüsant und macht Halleys Einstellung gegenüber den Franzosen deutlich.

13. November 1686: »Die Royal Society hat vor kurzem Kenntnis von einer merkwürdigen Inschrift erhalten, die man jüngst am Fuß einer alten Säule in Rom fand. Dabei besteht eine Beziehung zu einer sehr seltsamen Grabinschrift, die man jüngst in Frankreich fand und die man vor die Christianisierung dieses Landes zurückdatiert. Beide Inschriften sind für die *Transactions* angefordert. Wenn Ihr diese Dinge begutachten möchtet, schicke ich Euch beim nächsten Mal gerne eine Abschrift davon zu. Desgleichen soll man jüngst einen kleinen Mann, der kleiner als ein Pygmäe ist, dem französischen König vorgestellt haben. Er soll 37 Jahre alt sein, einen langen Bart haben und nur 40 Zentimeter groß sein.«

9. April 1687: »Wir erhielten jüngst aus Frankreich einen sehr merkwürdigen Hinweis auf einen Zwitter in Tholose [Toulouse], der in allem weiblich aussieht, aber einen Penis von sehr erheblicher Größe hat. Das Bemerkenswerteste aber ist, daß durch die Öffnung Urin, Samen sowie Monatsblutung fließen, die er regelmäßig bekommt. Bis jetzt hat er sich als Frau bezeichnet und auch dementsprechend gekleidet. Die Entdeckung hat ihn aber nun veranlaßt, seinen bisherigen Namen ›Margarete‹ in ›Arnold‹ umzuwandeln und Hosen zu tragen. Es fällt schwer, diese Geschichte zu glauben, doch das Gesagte scheint von einem bekannten Arzt des Ortes hinreichend bestätigt zu sein. Der schelmische, spöttische Humor dieser in den Tag hinein lebenden Nation macht mich jedoch gegen alles, was von dort kommt, argwöhnisch.«

Neben der Erledigung des Briefverkehrs der Gesellschaft ging Halley auch seiner eigenen wissenschaftlichen Arbeit nach. 1686 veröffentlichte er Arbeiten über das Barometer und die Passat- und Monsunwinde. Besonders die letztgenannte Arbeit trug dazu bei, die Natur der Winde zu verstehen.

1688 wurde Halley stolzer Vater von zwei Töchtern. Wenngleich sie beide im gleichen Jahr auf die Welt kamen, so waren es doch nicht Zwillingsschwestern. Man weiß kaum etwas über sie, nur, daß sie Margarete und Katharine hießen und noch lebten, als ihr Vater 1742 starb.

Während dieser Zeit setzte Halley seine wissenschaftlichen Forschungen fort und veröffentlichte mehrere Beiträge u. a. zur Verdunstung des Meerwassers infolge der Sonneneinstrahlung, zur Entfernung der Sonne von der Erde, zur Landung von Julius Cäsar in Britannien und eine Kritik zu Plinius' *Historia Naturalis*.

Halley war an außergewöhnlich vielen Dingen interessiert. Im Jahrbuch der »Royal Society« von 1689 sind Beispiele für die Themen aufgeführt, die Halley auf den Treffen der Gesellschaft behandelte. Hier einige Auszüge aus dem Buch:

»17. Juli 1689: Halley sprach davon, daß beim Sprengen von Häusern oder irgendeiner anderen großen Explosion mit Schießpulver die Fenster nahe des Explosionsherdes nicht, wie man allgemein annimmt, in die Häuser hineinfallen, sondern immer auf die Straße hinaus. Als Grund gab er an, daß die Luft, die von der Flamme verdünnt und aufgebraucht wird, auf der Straße einen geringeren Druck als in den Häusern hat und die Fenster dem Druckgefälle folgend nach außen auf die Straße fallen.«

»24. Juli 1689: Halley sprach davon, daß er vor dem letzten großen Frost Rosmarin und andere zarte Gemüse mit stark verdünntem Seifenwasser gegossen hätte. Dabei fand er heraus, daß diese Pflanzen mit nur einer Spur Seife im Waser gut gedeihen und den strengen Winter besser überstehen als Pflanzen in anderen Gärten. Wegen der Öle und Alkalisalze in der Seife scheint das Seifenwasser somit ein geeigneter Dünger für den Boden zu sein, wenngleich man nicht leicht die Frage beantworten kann, in welchem Maße das Salz dabei geeignet ist.«

»27. November 1689: Halley sprach davon, daß Geflügelhändler gut entscheiden können, ob wildes Geflügel frisch ist oder nicht, indem sie den Fuß betrachten. Ist der Fuß trocken, ist es sicher, daß das Geflügel alt ist; andernfalls scheint das Geflügel frisch zu sein.«

»22. Januar 1690: Halley hielt einen Vortrag darüber, daß er prüfen wolle, ob Julius Cäsar zum ersten Mal in Britannien am Nachmittag des 26. August im Jahre 55 nach Christus nördlich des südlichen Vorlandes gelandet ist, vermutlich bei den Dünen, in deren Nähe jetzt die Stadt Deale liegt. Dies fand er aus einer Expeditionsbeschreibung in Cäsars Tagebüchern und dem 39. Buch von Dion Cassius heraus.«

»29. Januar 1690: Halley berichtete davon, was ihm selber widerfuhr, als er eine große Dosis Theriaca Andromachi einnahm, in der seiner Meinung nach das Opium nicht gut gemischt war. Anstatt zu schlafen, was er sich von der Einnahme erhoffte, lag er die ganze Nacht wach. Er wurde dabei nicht von irgendwelchen

Gedanken beunruhigt, sondern befand sich in einem vollkommen angenehmen Dämmerzustand, egal in welcher Stellung er auch lag.«

»*5. Februar 1690:* Halley berichtete davon, daß man auf Barbados früher Hecken und Zäune mit Feigenkakteen errichtet hätte. Da die Kakteenstacheln so dick und lang sind, versuchen die Kühe und das andere Vieh erst gar nicht, sie zu überwinden.«

Halleys Charakter, insbesondere sein Taktgefühl, kommt in einem Brief an William Molyneux, bei dem er sich für sein verspätetes Schreiben entschuldigt, deutlich zum Ausdruck. Darin heißt es unter anderem:

»Ich versichere Euch meine uneingeschränkte Hochachtung vor Eurer Person, von der alle wissen, daß sie mit der einzigartigen Gabe ausgestattet ist, alles was man ihr anträgt, verständig und gerecht zu beurteilen. Mit Scham muß ich Euch gestehen, daß mich mein träger Geist von meinen Verpflichtungen besonders Euch gegenüber abgehalten hat, und das nicht zum ersten Male. Nur Eure Großherzigkeit wird mich wieder in Eure Gunst setzen können, wobei ich Euch zusichere, mich von diesem elenden Laster zu heilen. Ansonsten würde ich es zu Recht verdienen, viele Freunde zu verlieren.«

Im Verlauf des Jahres 1689 wurde Halley auf das Tiefseetauchen aufmerksam. In einer unveröffentlichten Arbeit beschrieb er das Problem der Unterwasseratmung und schlug Verbesserungen für die Taucherglocken vor, die es bereits seit Mitte des 16. Jahrhunderts in der einen oder anderen Ausführung gab. Die Taucherglocke war im wesentlichen ein großer, glockenförmiger Behälter, der in das Meer hinabgesenkt wurde. Taucher konnten darin die frische Luft, die in der Glocke eingesperrt war, atmen und brauchten nicht zur Meeresoberfläche aufzutauchen.

Halleys verbesserte Ausführung der Taucherglocke sah wie ein oben abgeflachter Kegel aus mit einem Durchmesser von knapp einem Meter und einem Fenster aus einer Glasplatte. Die Taucherglocke hatte einen Durchmesser von 1,50 m und war unten offen. In ihrem Innern war eine Sitzbank angebracht.

Eines der Probleme bestand darin, daß beim Absenken der Taucherglocke ins Meer von unten Wasser eindrang und die Luft im Innern der Glocke um so mehr komprimiert wurde, je tiefer man sich befand. Halley fand einen Weg, dieses unerwünschte Wasser loszuwerden: Er füllte zwei große, bleiummantelte Zylinder mit komprimierter Luft und ließ sie abwechselnd vom Boot aus zu der Taucherglocke hinab. Jeder Zylinder gelangte nun von unten – auf demselben Wege wie das unerwünschte Wasser – in die Glocke. Nun wurde am Boden des Zylinders ein Spundloch und gleichzeitig an der Spitz ein Ventil geöffnet, aus dem die komprimierte Luft in das Glockeninnere strömte, während unten das überschüssige Wasser in den Zylinder »gepumpt« wurde. War der Zylinder voll Wasser, hievte man ihn hoch und schickte den zweiten luftgefüllten Zylinder nach unten, um den Vorgang zu wiederholen.

Halley war so mutig, seine Version der Taucherglocke selber auszuprobieren. In einer nicht veröffentlichten Arbeit beschreibt er den Druck, den er beim Absinken ins Wasser in den Ohren verspürte: »Als wir das Gerät ins Meer hinabließen, verspürten wir zuerst einen starken und schmerzhaften Druck in unseren Ohren, der immer schlimmer wurde, bis irgendetwas im Ohr der Luft den Weg freimachte, so daß es wieder angenehm wurde. Schließlich fanden wir heraus, daß Öl von süßen Mandeln, in die Ohren geträufelt, dem Eindringen der Luft sehr förderlich war und den oben erwähnten Schmerz fast ganz beseitigte.« Halley verzeichnete auch, daß man es in der Taucherglocke mit drei Mann bei einer Tiefe von zehn Faden 1¾ Stunden aushalten konnte (1 Faden = 1,83 m).

Halley verbesserte aber nicht nur die Taucherglocke, sondern konstruierte überdies noch einen Taucheranzug und -helm, der durch zwei flexible Rohre mit der Glocke verbunden war. Das eine Rohr hatte die Aufgabe, dem Taucher frische Luft zuzuführen, das andere, die ausgeatmete Luft zu entfernen.

Wie sehr Halley von seinem Ausflug in die Unterwasserwelt überzeugt war, zeigte sich darin, daß er eine Rettungsgesellschaft gründete, deren Aktienkurse täglich im Handelsblatt bekanntgegeben wurden.

110

1691 legte Edward Bernard sein Amt als Savilian-Professor für Astronomie in Oxford nieder, jenem Lehrstuhl, der von Sir Henry Savile (1549–1622) eingerichtet worden war. Halley war einer der Anwärter auf die freie Stelle. Es entsprach der damaligen Satzung, daß der künftige Lehrstuhlinhaber ein strenggläubiges Kirchenmitglied sein mußte. Halleys Problem war, daß ein nicht näher begründetes Gerücht aufkam, er würde nicht an Gott glauben, was, sollte dies stimmen, ihn für die ausgeschriebene Stelle ungeeignet sein ließ. Es bestehen einige Zweifel über den Wahrheitsgehalt der Anschuldigungen, die sich gegen Halley richteten. William Whiston, ein Mathematiker, behauptete, daß Halley kein treuer Anhänger des Glaubens sei. Dagegen spricht, daß Whiston noch 50 Jahre später schrieb: er muß damals also sehr jung gewesen sein und konnte Halley demzufolge kaum lange gekannt haben. Auch muß man wissen, daß Whiston wegen seines eigenen arianischen Glaubens nicht in die »Royal Society« gewählt wurde. Dies mag einiges erklären.

Halley nahm zu der anstehenden Wahl in einem Brief an Abraham Hill Stellung, in dem es heißt: »Derzeit bin ich sehr von meiner Arbeit (z. B. Tauchen) in Anspruch genommen, so daß mir die Angelegenheit, die für mich von so großer Tragweite ist und mich nach London ruft, nämlich die Ausschreibung des Astronomie-Lehrstuhls von Oxford, sehr ungelegen kommt. Ich bitte Euch daher bescheiden, für mich beim Erzbischof Dr. Tillotson vorzusprechen, die Wahl für kurze Zeit aufzuschieben, bis ich hier in etwa 14 Tagen meine Arbeit beendet habe. Doch es muß schnell geschehen, damit es nicht zu spät ist. Diese Zeit wird mir zugleich Gelegenheit geben, über eine andere Sache nachzudenken. Man hat sich nämlich gegen mich verwahrt, bis ich beweisen könne, daß ich nicht behauptet hätte, die Welt sei ewig.«

Schließlich wurde Halley vor Bischof Stillingfleet gerufen, der unter König Karl II. als Kaplan gewirkt hatte und der berühmteste Bischof seiner Zeit war. Offensichtlich war Stillingfleet aber mit Halleys Antworten unzufrieden, denn Halley mußte sich einer zweiten Fragerunde durch den bischöflichen Kaplan Richard Bentley stellen. Dieser war ein schroffer, stolzer und geiziger

Mann, und man kann sich leicht vorstellen, daß die eher lockere Haltung und die freie Art Halleys dem Geistlichen zuwider waren. Es besteht kein Zweifel, daß Halley an Gott glaubte. Selbst wenn er irgendwelche unorthodoxen Ansichten hatte, so hätte er sie höchstwahrscheinlich für sich behalten, zumal er auch eine Arbeit über die biblische Sintflut mehr als 30 Jahre verschwieg, aus Furcht, die Kirche könne sie übelnehmen.

Es kam, wie es kommen mußte: Halley erhielt trotz Empfehlungen seines alten Queen's Colleges in Oxford und der »Royal Society« nicht den Savilian-Lehrstuhl. Der Widerstand gegen ihn muß beträchtlich gewesen sein, denn er brachte die besten Voraussetzungen für diese Stelle mit. Ausschlaggegend dürften letztlich die Anschuldigungen gewesen sein, die sein Kollege, der Königliche Astronom John Flamsteed, gegen ihn vorbrachte.

Flamsteeds Feindschaft gegen Halley gewann die Oberhand, als er hörte, daß sich Halley um die Professur bewarb. Unverzüglich schrieb Flamsteed an Isaac Newton und forderte ihn auf, gegen Halleys Bewerbung anzugehen; er begründete dies damit, daß Halley, würde er gewählt, seine Schüler mit liederlichen Vorträgen verderben würde. Ferner behauptete Flamsteed, Halley habe unzuverlässige Freunde. Diese Anschuldigungen wurden um so ernster genommen, als sie vom »Astronomer Royal« kamen.

Flamsteeds Abneigung gegen Halley reichte bis ins Jahr 1686 zurück, als Halley seine Gezeitentafeln kritisiert hatte. Flamsteeds Tafeln beruhten auf den Gezeiten bei London, doch er benutzte sie auch für andere Häfen, einschließlich Dublin, wo Halley selber die Gezeiten mit Hilfe seines dort lebenden Freundes William Molyneux untersucht hatte. Anhand seiner eigenen Arbeit konnte Halley feststellen, daß Flamsteeds Tafeln hier falsch waren.

Flamsteed, der ein mürrischer und launenhafter Mann war und viel Zeit und Energie auf die Erstellung seiner Tafeln verwandt hatte, war schwer gekränkt. Seit dieser Zeit zeigte er seine Abneigung Halley gegenüber in Briefen an Newton und ging sogar soweit, die Qualität von Halleys *Katalog der südlichen Sterne* zu verleumden; zudem bezichtigte er ihn, Ideen zum Erdmagnetismus von einem Mr. Perkins, einem Mathematiklehrer an der Schule des Christus-Krankenhauses, »gestohlen« zu haben.

Als Halley 1692 eine verbesserte Theorie des Erdmagnetismus veröffentlichte, versuchte Flamsteed erneut, Halleys Leistung zu schmähen. Wenngleich die Theorie heute nicht mehr haltbar ist, bedeutete sie damals doch einen beträchtlichen Fortschritt in dem Bemühen, dem Phänomen auf die Spur zu kommen.

Ein weiterer Grund für Flamsteeds Feindschaft gegen Halley war dessen Freundschaft mit Robert Hooke. Hooke war, wie es scheint, für einen Scherz auf Kosten von Flamsteed verantwortlich, doch kann man sich vorstellen, daß Flamsteed ein lockendes Ziel für derartige Scherze gewesen sein muß.

Es ist bedauerlich, daß Flamsteed, der selber ein fähiger und viel beachteter Astronom war, mit Halley derart verfeindet war. Halley schien seinerseits nicht solche Gefühle gegen Flamsteed zu hegen, wenn er sich auch 1692 gegen Flamsteeds Kritik an seinen Beobachtungen auf St. Helena zur Wehr setzte.

Edmond Halley und »sein« Komet

Seit frühester Zeit hat man Kometen am Himmel beobachtet. Ihre plötzliche und aufsehenerregende Erscheinung konnte Wochen dauern. Es überrascht daher kaum, daß man Kometen im Gegensatz zum vermeintlich ruhenden Fixsterngewölbe als Unglücksboten fürchtete oder sie bestenfalls für Störenfriede der himmlischen Ruhe hielt.

Den antiken Astronomen war die Natur der Kometen rätselhaft. Aristoteles glaubte zum Beispiel, sie seien keine Himmelskörper, die sich um die Sonne bewegen, sondern hielt sie für plötzliche, blitzartige Leuchterscheinungen in der oberen Erdatmosphäre, die er sich sehr heiß und trocken dachte. Ein Komet mußte demnach der Erde näher sein als der Mond. Diese Auffassung herrschte fast das ganze Mittelalter in Europa vor.

Nachdem man im frühen 16. Jahrhundert erkannt hatte, daß die Erde die Sonne umläuft und nicht umgekehrt, fragte man sich auch, ob ein Komet entgegen der aristotelischen Auffassung jenseits des Mondes sein könne. Diese These wurde von dem dänischen Astronomen Tycho Brahe aufgestellt, der 1577 sehr genau einen Kometen beobachtet hatte. Aufgrund seiner Messungen konnte Tycho beweisen, daß sich der Komet jenseits der Mondbahn befand. Ein Komet galt nun als Himmelskörper, doch die Natur seiner Bewegung am Himmel blieb weiterhin unklar. Hilfe kam aus Newtons *Principia*, wo es heißt, daß die Sonne einen Gravitationseinfluß auf Kometen ausübt. Mit dieser Grundlage ließen sich drei Formen einer Kometenbahn berechnen: Sie konnte parabolisch, elliptisch oder hyperbolisch sein.

1695 begann Halley, die drei möglichen Kometenbahnen im Hinterkopf, sämtliche Beobachtungshinweise zu untersuchen, die er bis Ende des 17. Jahrhunderts finden konnte. Sein Ziel war es, die Natur der Kometenbahn zu ergründen. Anschließend berechnete er die Bahnen von 24 verschiedenen Kometen. Die mathematischen Operationen, die er dazu anstellte, waren mühsam und schwierig, zumal er die Gravitationsströmungen, welche die äußeren Riesenplaneten auf die winzigen Kometen ausüben, berücksichtigen mußte.

Im Verlauf seiner Arbeit wuchs Halleys Überzeugung, daß sich die Kometen auf elliptischen Bahnen um die Sonne bewegen. Das bedeutete andererseits, daß ihre Umlaufzeiten sehr groß sein konnten. Er fand ebenfall heraus, daß der Komet von 1682 und der von 1531 sehr ähnliche Bahnelemente besaßen wie der Komet von 1607. Diese drei Kometen sollten, wie sich später herausstellte, in Wirklichkeit nur ein einziger sein. Dem Briefverkehr, den Halley mit Newton führte, kann man entnehmen, wie sich Halley immer näher an seine erfolgreiche Vorhersage herantastete, derzufolge der »Halleysche Komet« 1758 wiederkehren sollte.

In einem Brief vom 28. September 1695 bat Halley Newton, »mir die Beobachtungen des Kometen von 1682 von Flamsteed zu besorgen, besonders die vom Monat September, denn ich bin mehr und mehr gewiß, daß wir diesen Kometen nun schon dreimal gesehen haben. Flamsteed wird Euch nicht abweisen, mich aber schon.«

Das genaue Datum des nächsten Briefes an Newton ist nicht bekannt. Er muß nach dem 1. und vor dem 15. Oktober 1695 geschrieben worden sein. Darin heißt es:

»Verehrter Herr, als Antwort auf Euren Brief vom 1. Oktober danke ich Euch hiermit vielmals für Eure Beobachtungsangaben zum Kometen von 1682. Ich werde sie im Anschluß an den Kometen von 1664 bearbeiten und sie Eurer Betrachtung überlassen, sollten sie sich nicht als dieselben wie beim Kometen von 1607 herausstellen. Wenn Eure wichtigere Arbeit fertig ist, möchte ich Euch ersuchen, darüber nachzudenken, wie stark die Bewegung eines Kometen infolge der Planeten Saturn und Jupiter gestört werden kann, besonders beim Aufstieg von der Sonne aus, und inwieweit diese Planeten die Umlaufzeit eines Kometen auf seiner sehr elliptischen Bahn beeinflussen, d. h. verlängern oder verkürzen können.« Den nächsten Brief an Newton schrieb Halley am 15. Oktober 1695. Darin berichtete er Newton, daß er den Kometen von 1682 untersuchen und ihm (Newton) das Ergebnis zusenden wolle, »in der Hoffnung, daß es mir keine große Mühe bereitet, denn ich vermute, daß die Beobachtungen exakt sind...« In einem weiteren Brief vom 21. Oktober 1695 schrieb Halley an Newton, daß er mit der Bearbeitung des Kometen von 1682 so gut wie fertig sei und er (Newton) demnächst erfahren werde, ob es sich dabei um denselben Kometen wie 1607 handle, »was ich immer mehr vermute«.

Halleys Berechnungen für den Kometen von 1680 ergaben, daß dieser alle 575 Jahre wiederkehren sollte, eine Zahl, die sich später aufgrund der Berechnungen des deutschen Astronomen Johann Franz Encke (1791–1865) als falsch herausstellte. Für den Kometen von 1682 sagte Halley eine Wiederkehr im Jahre 1758 voraus. Er war sich bewußt, daß er dann höchstwahrscheinlich nicht mehr leben würde (er hätte 102 Jahre alt werden müssen), und drückte zugleich seine Hoffnung aus, daß die Astronomen zu der vorherberechneten Zeit den Himmel nach dem Kometen absuchen würden.

Halleys Ergebnisse wurden 1705 als *Synopsis Astronomiae Cometicae (Vergleichende Übersicht der Astronomie von Kometen)* und auch in den *Philosophical Transactions* veröffentlicht. Er machte seine Entdeckung allerdings schon im Juni 1696 vor der »Royal Society« bekannt. Im Jahrbuch der Königlichen Gesellschaft heißt es: »*3 Juni 1696.* Halley gibt die Bahnelemente der beiden Kometen aus den Jahren 1607 und 1682 an, die sich in jeder Hinsicht gleichen, sowohl in ihren Knotenlängen und Perihelabständen als auch in ihren Bahnneigungen zur Ebene der Ekliptik und ihren Entfernungen von der Sonne. Daher schloß er, es müsse sich höchstwahrscheinlich, wenn nicht sogar bestimmt, bei diesen beiden Kometen um ein und denselben handeln, der mit einer Periode von 75 Jahren wiederkehrt. Er würde sich dann auf einer elliptischen Bahn um die Sonne bewegen und im Aphel, in der größten Sonnenferne, 35mal weiter von der Sonne entfernt sein als die Erde.«

Dieser Komet wurde dann tatsächlich am ersten Weihnachtstag des Jahres 1758 von dem sächsischen Bauernastronomen Georg Palitzsch wiederentdeckt, 16 Jahre nach Halleys Tod. Ordnungsgemäß wurde er nach dem Mann genannt, der den Erfolg seiner Vorhersage vorausgeahnt und darum gebeten hatte, man möchte anerkennen, daß die »fahrplanmäßige« Wiederkehr dieses Kometen zuerst von einem Engländer entdeckt worden sei.

Im Dezember 1694 verlas Halley vor der Royal Society seine Arbeit zur Ursache der biblischen Sintflut. Die Arbeit war 30 Jahre lang nicht veröffentlicht worden, da Halley befürchtet hatte, die Kirche würde ihn als Wissenschaftler ansehen, der sich in die Auslegung der Heiligen Schrift einmische. Zudem hätte dies auch den Verdacht erhärtet, er sei angeblich ungläubig.

Halley meinte, genug Informationen in der Hand zu haben, um zu belegen, daß die biblische Sintflutdarstellung auf einem weitschweifigen, aber ungenauen Bericht beruhte und keineswegs das Ergebnis einer göttlichen Offenbarung war. Diese Erkenntnis grenzte im 17. Jahrhundert noch an Gotteslästerung.

Halley hatte den biblischen Sintflutbericht untersucht und gefunden, daß die Beschreibung des 40tägigen Regens, der die Erde bedeckte, sowie der Tiere in der Arche wissenschaftlich nicht haltbar war. Halley dachte, daß die Flut höchstwahrscheinlich durch einen Kometen entstanden sei, der nahe an der Erdoberfläche vorbeigezogen und infolge der Gravitationsanziehung zwischen Massen einen Wasserberg hervorgerufen hatte. Er war sich dabei jedoch nicht bewußt, daß die Masse eines Kometen nicht ausreicht, eine derart gewaltige Störung zu erzeugen.

1696 wurde Halley zum Hilfsaufseher der Münze von Chester ernannt, nachdem die englische Regierung eine zunehmende Entwertung des im Umlauf befindlichen Geldes festgestellt hatte. Es

118

war üblich geworden, von den Silbermünzen ein bißchen abzuschneiden und einzuschmelzen. Diese »Falschmünzerpraktik« stellte ein ernsthaftes Problem dar. Um der Situation Herr zu werden, entschloß sich die Regierung, nur noch Münzen mit einer Randprägung in Umlauf zu bringen und alle Münzen ohne eine solche Prägung einzuziehen. Dadurch wurde ein umfangreicher Geldumtausch in Gang gesetzt. Viele Münzstätten mußten aus diesem Grund neu errichtet werden, und Sir Isaac Newton wurde vom Schatzkanzler Charles Montagu 1696 mit der Leitung des Vorhabens beauftragt. Im selben Jahr ernannte dieser Halley zum Hilfskontrolleur der Münze von Chester.

Chester erwies sich für Halley nicht als der beste Ort, seine astronomische Arbeit fortzusetzen, und er war froh, als seine zwei Jahre vorüber waren. Doch es war typisch für Halley, daß er das beste aus seiner Lage machte: Er begann sich für die Frühgeschichte der Stadt zu interessieren, insbesondere für einen römischen Altarstein, der aus einem Stein am Ort hergestellt worden war. Er beobachtete sorgfältig den Gezeitenfluß Dee und berichtete von einem fürchterlichen Hagelsturm, bei dem Hühner, Schafe und ein Hund umkamen. Bei einem Ausflug nach Nord-Wales überprüfte er auf dem Mt. Snowdon seine Theorie, daß man Höhen mit Hilfe von Barometeranzeigen messen könne.

In einem Brief vom 12. Oktober 1696, zwei Wochen vor seinem 40. Geburtstag, schrieb Halley an Sir Hans Sloane (1660–1735), Mitglied der »Royal Society«, und berichtete ihm von den interessanten Dingen in Chester:

»Es gibt hier am und um den Ort mehrere Antiquitäten, die sich im Besitz von Privatpersonen befinden. Ich werde dafür sorgen, Euch davon eine genaue Beschreibung zukommen zu lassen. Die Situation der Stadt ist bemerkenswert. An der Stelle, wo der Fluß Dee zu fließen aufhört, kommen nur Springfluten vor. Die Mauern und öffentlichen Gebäude bestehen aus einem Stein, der aus nahe gelegenen Steinbrüchen stammt und auch oft in den Straßengräben zum Vorschein kommt. Ich vermute, dieser Vorteil hat die Römer veranlaßt, hier die Stadt zu gründen, deren Grundfläche einem römischen Kastell entspricht, 600 bis 700 Meter an jeder Seite. Vor langer Zeit befand sich hier das Hauptquartier der XX. Legion, genannt Victrix.«

Halleys Lage wurde durch einen Streit in der Münze von Chester verschlimmert. Offenbar waren zwei Schreiber in ein Schwindelgeschäft verwickelt, das vom Münzmeister stillschweigend geduldet wurde. Halley und der Direktor der Münze, ein Mr. Weddell, traten gegen solche korrupten Praktiken auf. Die beiden Schreiber verschworen sich daraufhin gegen Halley und Weddell, belästigten sie ständig und stellten falsche Behauptungen auf. In einem Brief vom 25. Oktober 1697 schrieb Halley an Sloane: »... ich sehne mich schon lange danach, von der Unruhe befreit zu werden, die mir hier bei der Arbeit durch üble Gesellschaft beigebracht wird. Es ist die reine Qual, zumal, da wir immer zusammen sind, der Streit unerträglich ist.«

Dieser Streit gipfelte schließlich darin, daß sich Halley gezwungen sah, an Newton zu schreiben und ihm die Situation zu erklären. Außerdem bekundete Halley seine Bereitschaft, gegen Lewis, den Auslöser der »Unruhe«, vor Gericht auszusagen. Halley wünschte von Lewis Antwort auf verschiedene Anschuldigungen, unter anderem ging es um einen angeblichen Tintenfaßwurf gegen Weddell.

Newton wußte bereits von Halleys Unzufriedenheit mit seiner Stelle in der Münzanstalt und bot zwei andere Arbeitsplätze an. Halley lehnte jedoch ab, vermutlich weil er sie, ungeachtet seines Wunsches, Chester so bald wie möglich zu verlassen, für ungeeignet hielt. Die Münze wurde schließlich 1698 geschlossen, und Halley konnte nach London zurückkehren.

Im selben Jahr verbrachte er einige Zeit mit Zar Peter I., dem Großen (1672–1725), der von König Wilhelm III. nach England eingeladen worden war, um die Methoden des Schiffbaus kennenzulernen, da Rußland seine Flotte im Schwarzen Meer verstärken wollte.

Peter, der damals 26 Jahre alt war, wohnte in Sayes Court in Deptford, in dem Haus von John Evelyn, damals für Admiral Benbow gepachtet. Der Zar war ein dynamischer, energischer junger Mann mit einem lebhaften Sinn für Humor. Er konnte aber auch heftige Wutanfälle bekommen und äußerst grausam sein. Er und sein Kreis führten einen verschwenderischen und oft wilden Lebensstil. In dem Haus und in den Gärten von Sayes Court richtete die Zarengesellschaft großen Schaden an. Während ihres Aufenthaltes wurden Möbel, Bilder und annähernd 3000 Fensterscheiben zerstört.

Halley hatte die Aufgabe, den Zar zu unterhalten und ihn über die neuesten wissenschaftlichen Entwicklungen zu unterrichten. Peter bewunderte sowohl Halleys umfangreiches Wissen als auch seine einfache und freundliche Art. Einer ziemlich zweifelhaften Geschichte zufolge soll der Zar einmal von Halley in einem Schubkarren durch den Garten gefahren worden sein. Die Fahrt nahm ein unsanftes Ende, und der Passagier mußte aus einer durchbrochenen Hecke herausklettern.

Nach dem zweijährigen Aufenthalt in Chester war Halleys nächstes größeres Vorhaben eine Fahrt über den Atlantischen Ozean. Hauptziel der Reise war es, die Schwankung des Kompasses aufzuzeichnen, während man von Ort zu Ort segelte. Ferner sollten die genaue geographische Breite und Länge der angelaufenen Häfen bestimmt werden. Die Anweisungen, die Halley erhalten hatte, erlaubten es ihm auch, auf der Rückreise das britische Westindien zu besuchen. Es war sehr ungewöhnlich für einen Landbewohner, zum Kapitän eines Schiffes der Königlichen Flotte ernannt zu werden. Doch das hohe Ansehen, das Halley genoß, machte diese Ernennung möglich.

Erste Vorbereitungen zu der Reise waren schon 1693 getroffen worden. Verschiedene Zwischenfälle, darunter auch Halleys Tätigkeit in Chester, schoben die Reise bis 1698 hinaus. Im August war es dann soweit: Das Schiff, ein Dreimaster mit dem Namen »Paramour«, was soviel wie »Geliebte« bedeutet, war mit einer 20köpfigen Mannschaft und Nahrung für ein Jahr bereit, in See zu stechen. Die Reise stand unter der Schirmherrschaft Wilhelms III. und war ein halbes Jahrhundert vor Kapitän Cook die erste wissenschaftliche Seereise mit königlichem Auftrag. Ende des 19. Jahrhunderts schrieb Kapitän S. P. Oliver: »Er [Halley] war kein Seemann und doch früher als Cook Britanniens erster wissenschaftlicher Seereisender.«

Ende November 1698 stach die »Paramour« in See und erreichte nach 14 Tagen die Insel Madeira. Hier trennte sie sich von Admiral Benbow und seinen Schiffen, die sie seit der Insel Wight durch ihre Begleitung geschützt hatten. Von Madeira schrieb Halley an Josiah Burchett, den Sekretär der Admiralität, mit Datum vom 19. Dezember:

»Verehrter Sir! Am sechzehnten Reisetag kam ich auf dieser Insel zusammen mit den Schiffen ›Glocester‹, ›Falmouth‹, ›Dundirk‹ und ›Lynn‹ unter dem Kommando des Konteradmirals John Benbow an. Wegen der Feiertage konnten die Schiffe nicht sofort mit Wein beladen werden, was den Admiral veranlaßte, noch in der gleichen Nacht, in der er ankam, die Insel zu verlassen, denn er wollte nicht so lange warten. Ich habe alles für mich erledigt und werde meine Reise mit dem ersten Wind fortsetzen. Zur Zeit herrscht noch Windstille. Ich dachte, ich müßte Eurer Lordschaft von unserer Ankunft hier Mitteilung machen. Der Admiral, der die Insel sehr umsichtig verließ, hat keine Briefe für Euch zurückgelassen. Euer sehr ergebener Diener Edm. Halley.«

Von Madeira aus nahm die »Paramour« Kurs auf die Kapverdischen Inseln an der Westküste Afrikas und segelte auf ihrem Weg an den Kanarischen Inseln vorüber. Als sie sich ihrem Reiseziel näherte, wurde sie von einem englischen Schiff beschossen, das sie für ein Piratenschiff hielt. In einem Brief vom 4. April 1699 an Burchett ging Halley auf diesen Zwischenfall mit den Worten ein:

»… anstatt uns zu begrüßen, feuerten sie mehrere große und kleine Salven auf uns ab. Wir waren darüber verwundert und hielten sie für Piraten. Ich ließ auf der Luvseite beidrehen und unsere Hauptsegel einholen. Dann schickte ich mein Boot hinüber, um den Grund ihres Feuers zu erfahren. Sie antworteten uns, daß sie uns für Piraten gehalten hätten, denn sie hätten zwei Schiffsmeister an Bord, die erst vor kurzem von Piraten ergriffen worden seien. Der eine würde schwören, daß unser Schiff das Piratenschiff sei. Deswegen hätten sie sich gezwungen gesehen, sich mit allen Kräften zu verteidigen.«

Anfang 1699 bekam Halley erstmals Ärger mit der Schiffsbesatzung. Bei einer Gelegenheit steuerte der Bootsmann entgegen Halleys Anweisungen absichtlich auf einen anderen Kurs. Halley mußte den Kurs korrigieren, was der Behauptung des Bootsmannes zufolge durch einen »Fehler« Halleys notwendig geworden war.

Nach Überquerung des Atlantiks machten sie an der Küste Brasiliens halt, wo sie der portugiesische Gouverneur begrüßte und einlud, an Land zu kommen, um ihre Wasservorräte aufzufüllen. Doch die Freundlichkeit des Gouverneurs schien nur gespielt, denn Halley berichtete in demselben Brief an Burchett: »... soweit ich vermuten konnte, wollten die Portugiesen einen Vorwand finden, uns festzunehmen; sie versuchten mehrere Male, uns eine Holzart anzudrehen, die sie Poo de Brasile nannten und die von ausgezeichneter Färbung ist. Sie ist jedoch für alle Fremden unter der Strafe der Schiffs- und Frachtbeschlagnahme verboten. Ich war mir ihrer Absicht wohl bewußt und habe jeglichen Handel mit ihnen strikt zurückgewiesen. Nachdem wir unser Wasser erhalten hatten, sind wir nach drei Wochen Fahrt hier [auf Barbados] angekommen...«

Da Halley über die Unruhe in der Mannschaft erschrocken war, beschloß er, nach neuen Offizieren zu suchen. Als sie im März Barbados erreichten, hatte Halley ernsthafte Schwierigkeiten mit einem seiner Offiziere, dessen widerspenstiges Verhalten ihn möglicherweise zwang, den Offizier unter Arrest zu setzen und vorzeitig nach England zurückzukehren.

In einem Brief, den Halley nach seiner Rückkehr im Juni 1699 an Burchett gerichtet hat, schilderte er seine Erlebnisse mit dem Offizier namens Harrison: »Ein weiterer Beweggrund, meine Rückkehr zu beschleunigen, war die unvernünftige Haltung meines Schiffsoffiziers, der es lange Zeit als seine Aufgabe empfand, mich vor der ganzen Mannschaft als eine Person darzustellen, die für das Kommando, das Seine Lordschaft mir übertragen hatte, völlig ungeeignet sei. Vielleicht maßte er sich diese Unterstellung an, weil ich nicht so perfekt wie er das ganze Seetagebuch ausfüllte. Er erklärte, er sei an Bord, weil Seine Lordschaft meine

Untauglichkeit geahnt hätte… Am fünften Tag war er so unverschämt, mich vor meinen Offizieren und Seeleuten an Deck zu beleidigen und anschließend hinter meinem Rücken zu behaupten, ich sei nicht nur unfähig, dieses Schiff, sondern sogar ein Beiboot zu befehlen. Daraufhin wünschte ich, daß er diese Nacht in der Kabine bliebe. In der Zukunft wollte ich allein das Kommando über das Schiff führen, um ihm seinen Irrtum zu beweisen. Seit dieser Zeit paßte ich auf seine Streiterei auf und brachte das Schiff ohne seine Hilfe von den Untiefen bei Neufundland sicher bis nach England zurück.«

Im Juli 1699 wurde Leutnant Harrison vor ein Kriegsgericht gestellt; dabei stellte sich heraus, daß er drei Jahre zuvor ein kleines Büchlein über die Probleme der Längenmessung auf See geschrieben hatte. Halley war einer derjenigen gewesen, die seinerzeit die Ansicht vertreten hatten, das Buch ließe vieles zu wünschen übrig. Offenbar hatte sich Harrison über Halleys Kritik derart geärgert, daß er beschloß, sich dafür an Bord der »Paramour« zu rächen.

In einem Brief an Burchett vom 4. Juli 1699 schilderte Halley die Vorgänge vor dem Kriegsgericht und das milde Urteil, das über Harrison und die anderen Offiziere gefällt wurde:»Gestern habe ich beim Kriegsgericht alles bewiesen, weswegen ich meinen Leutnant und die Offiziere angeklagt habe. Der Gerichtshof bestand jedoch darauf, ich solle tatsächliche Befehlsverweigerung beweisen, weswegen ich sie nicht angeklagt hatte, sondern nur wegen der Beleidigungen und Respektlosigkeiten. So wurde ihnen nur ein Verweis erteilt. Die Kränkungen, die mir von ihnen beigebracht wurden, sind nur sehr behutsam erwähnt worden. Es seien nur ein paar Ruppigkeiten gewesen, wie sie auf kleinen Schiffen gewöhnlich vorkommen.«

Trotz der herben Erfahrungen dieser ersten Fahrt unternahm Halley im September 1699 eine weitere Seereise mit den gleichen wissenschaftlichen Zielen wie auf der ersten. Zwar war die erste Reise vorzeitig beendet worden, dennoch hatte er brauchbare Informationen über die Abweichung der Kompaßnadel und die geographischen Breiten und Längen der angelaufenen Häfen mitgebracht. Halley hoffte nun, daß seine zweite Reise noch erfolgreicher werden würde.

Halley ließ zunächst Kurs auf Madeira nehmen, doch hielt er ihn nicht bei, da er marokkanische Seeräuber fürchtete. So segelte er zu den Kanarischen Inseln, wo er in stürmisches Wetter geriet. Dort ereignete sich ein tragischer Unfall: Der Schiffsjunge ging über Bord; trotz aller Bemühungen, ihn zu retten, ertrank der Junge, denn die Wellen waren zu hoch. Das Unglück ging Halley sehr nahe. Man sagte, er habe später niemals ohne Tränen in den Augen darüber sprechen können.

Nach einem Aufenthalt auf den Kapverdischen Inseln nahm Halley mit der »Paramour« Kurs auf Südamerika. Während der Fahrt beobachtete er die ganze Zeit über die Abweichung der Kompaßnadel und bestimmte fortwährend die geographische Länge und Breite des jeweiligen Standortes. Anfang Dezember 1699 erreichten sie Rio de Janeiro, und gegen Ende des Monats segelten sie südwärts weiter. Etwas nordöstlich der Falkland-Inseln entdeckte Halley gesprenkelte Tauchvögel mit Schwanenhälsen und große Meerestiere mit Flossen.

Noch weiter südlich erreichten die Temperaturen – man schrieb den Monat Februar – den Gefrierpunkt. Zum ersten Mal traf die »Paramour« auf drei Inseln, die in keiner Karte verzeichnet waren. Zwei Monate später beschrieb Halley in einem Brief an Josiah Burchett, datiert vom 30. März 1700, die Inseln wie folgt: »Wir sahen uns von Inseln und Eis umgeben, die so unglaublich hoch und groß waren, daß ich mich kaum traute, meine Gedanken niederzuschreiben. Zuerst hielten wir die Inseln für gewaltige Kreidefelsen, die mit Schnee bedeckt sind, doch als wir anlegten, erkannten wir, daß es nichts außer Eis gab, das bis zu 200 Fuß hoch war. Eine Insel war mindestens fünf Meilen breit, und wir konnten selbst in 140 Faden Tiefe nicht auf Grund stoßen.« Diese rätselhaften Inseln müssen riesige Eisberge gewesen sein.

Am nächsten Tag wurde die »Paramour« von Eisbergen und vom Nebel gefährdet. Dazu schrieb Halley in demselben Brief: »... wir befanden uns in der entsetzlichen Gefahr, Schiff und Leben zu verlieren, denn wir waren von allen Seiten von Eis und einem Nebel umgeben, der so dicht war, daß wir nicht sehen konnten, ob wir nicht gleich anstoßen würden. Der Wind war so stark, daß es kaum möglich war zu entkommen.« Doch Halley und seine Mannschaft entgingen dem drohenden Untergang und nahmen einen nordwestlichen Kurs auf mildere Breiten.

Danach segelte die »Paramour« nach St. Helena (wo Halley einst den südlichen Fixsternhimmel durchmustert hatte), um frisches Wasser und Proviant an Bord zu nehmen. In einem Brief an Burchett heißt es: »Wir fuhren nach St. Helena, wo ein anhaltender Regen das Wasser mit einem dicken Salzschlamm verschmutzte, daß wir fürchteten, es sei ungenießbar. Alles andere Notwendige war auf der Insel in reichlichem Maße vorhanden.«

Von St. Helena aus segelte die »Paramour« mit zwei kurzen Unterbrechungen weiter nach Pernambuco, einer brasilianischen Provinz. Hier regierte ein selbsternannter englischer Konsul mit Namen Hardwicke. Er ließ Halley unter dem Verdacht der Piraterie verhaften und sein Schiff durchsuchen. Natürlich fand man nichts Verdächtiges. Halley wurde wieder freigelassen, und Hardwicke tadelte die Portugiesen in der Provinzhauptstadt Recife wegen der offensichtlichen Fehlinformation.

Anfang Mai setzte die »Paramour« ihre Reise in Richtung Barbados fort. Als sie dort ankamen, herrschte auf der Insel eine Epidemie. Halley schrieb an Burchett: »… eine schlimme pestartige Krankheit hat sich auf der Insel ausgebreitet, die kaum jemanden verschont. Würde die Krankheit so tödlich wie sonst ausgehen, wäre die Inselbevölkerung erheblich geschrumpft. Ich blieb hier nur drei Tage. Ich selbst und viele meiner Männer kamen mit der Krankheit in Berührung, und ich befürchtete schon, meine Haut und die Schiffsbesatzung zu verlieren, doch der Doktor war äußerst umsichtig und tat sein Bestes, so daß wir zur Zeit ein sehr gesundes Schiff sind…«

Am 20. Juni 1700 erreichten sie Bermuda. Dort wurde die »Paramour« für die Heimreise überholt und seetüchtig gemacht. Als sie dann vor Neufundland kreuzten, erlitten sie in einem dicken Nebel beinahe Schiffbruch und wurden anschließend von neuenglischen Fischern angegriffen, die sie für Piraten hielten. Danach konnten sie ihre Heimfahrt jedoch ohne Zwischenfall fortsetzen und erreichten schließlich am 27. August 1700 den Hafen von Plymouth.

Die Reise war überaus erfolgreich gewesen. Trotz der Eisberge, Stürme, Krankheit und Feuerangriffe hatte Halley das Schiff sicher nach Hause gebracht. Nur ein Mann, der Schiffsjunge, war nicht mit zurückgekehrt, alle anderen waren wohlauf.

Die wissenschaftlichen Ergebnisse dieser Reise wurden erstmalig 1701 von Halley in Form einer Atlantik-Karte veröffentlicht, die er König Wilhelm III. widmete, dem Schirmherrn der Expedition.

Auf der Karte waren gekrümmte Linien eingezeichnet, die Punkte gleicher Kompaßmißweisung miteinander verbanden. Im nachhinein wurden sie oft als »Halleysche Linien« bezeichnet, heute heißen sie Isogonen. Es waren die ersten Linien dieser Art, die gedruckt wurden. Seitdem wurden sie auch in anderen Karten eingetragen.

1702 verbesserte Halley seine Atlantik-Karte und gab sie als Weltkarte neu heraus. Sie wurde ein »Verkaufsschlager« und mehrfach neu aufgelegt. Eine durchgesehene Ausgabe erschien 1758, 16 Jahre nach Halleys Tod.

Bevor Halleys »nautische Karriere« zu Ende ging, übertrug ihm König Wilhelm III. 1701 eine letzte Aufgabe. Er sollte die Gezeiten und den Küstenverlauf des englischen Ärmelkanals aufzeichnen. Möglicherweise sollte Halley auch Informationen über die französische Flotte sammeln, denn die politischen Beziehungen zwischen England und Frankreich hatten sich zu der Zeit verschlechtert. Der Streit ging um den spanischen Thron. Wilhelm III. fürchtete, daß Frankreich – mit Spanien vereinigt – eine gefährliche militärische Macht darstellen könnte, und bildete daher eine große Allianz mit Habsburg, Holland und Preußen.

Halley besaß auch ein großes Talent im Maschinenbau. Da britische Kriegsschiffe im Adriatischen Meer eingesetzt werden sollten, wurde er von Königin Anna, die Wilhelm III. 1702 auf dem englischen Thron gefolgt war, zu Kaiser Leopold I. nach Wien geschickt, um ihn zu beraten, wie die Häfen von Triest und Bocari am besten zu sichern wären.

Nach einer Reise durch Holland und das Deutsche Reich traf Halley in der Donaumetropole ein, wo er dem englischen Botschafter George Stepney begegnete. Halley reiste von dort schnurstracks nach Istrien weiter und besichtigte, obwohl er von Holländern dabei behindert wurde, die Hafenanlagen von Triest und Bocari. Anschließend kehrte er nach Wien zurück. Der Kaiser war von Halleys klugen Vorschlägen beeindruckt und überreichte ihm einen Diamantring als Zeichen der Anerkennung. Auch gab er ihm ein Empfehlungsschreiben für Königin Anna mit.

Halley kehrte nach England zurück, wurde aber kurze Zeit darauf erneut nach Wien gesandt, um die notwendigen Arbeiten zur Verbesserung der Hafenanlagen zu beaufsichtigen. Auf seiner Reise machte er auch in Hannover Rast, wo er mit der Königin von Preußen und Kurfürst Georg, dem späteren König von England, speiste.

Von Wien wurde Halley abermals nach Istrien geschickt, wobei er vom kaiserlichen Oberingenieur begleitet wurde. Sie befanden den Hafen von Triest für reparaturbedürftig, der von Bocari schien angemessen befestigt zu sein. Schließlich kehrte Halley im November 1703 nach England zurück.

Im Oktober desselben Jahres war nach dem Tode von Reverend John Wallis der Savilian-Lehrstuhl in Oxford erneut frei geworden. Die Situation hatte sich seit Halleys letzter erfolgloser Bewerbung um dieses Amt merklich gewandelt. Bischof Stillingfleet, der Halley aus religiösen Gründen abgelehnt hatte, war gestorben; mittlerweile waren zudem Halleys Einfluß und Ruf stark gewachsen. Nur Flamsteed verhielt sich weiterhin feindlich. In einem Brief erklärte er, Halley würde wie ein Seekapitän fluchen und trinken.

Dieses Mal wurde Halley zum Savilian-Professor für Geometrie ernannt und blieb es bis an sein Lebensende. Sein neuer Wohnsitz in Oxford befand sich in der New College Lane und kann noch heute besichtigt werden. Das Haus wurde von Wallis' Sohn in

26 Portrait Edmond Halleys, im Auftrag der »Halley's Comet Society« 1980 von
D. Janvrin nach einem Gemälde in der »National Portrait Gallery«, angefertigt

27 Isaac Newton, englischer Naturforscher, Mathematiker und Astronom, der mit seinem 1687 auf Halleys Betreiben veröffentlichten *Principia* die theoretische Physik und die Himmelsmechanik begründete (oben links)

28 Hans Sloane, Mitglied der »Royal Society« und ein Freund Halleys (oben)

29 Henry Savile, englischer Gelehrter, der den nach ihm benannten Savilian-Lehrstuhl für Astronomie und Geometrie in Oxford begründete, auf den Edmond Halley 1703 auf Lebenszeit berufen wurde

JOHANNIS HEVELII
COMETOGRAPHIA.

30 Titelblatt der von dem deutschen Astronomen Johannes Hevelius 1668 veröffentlichten *Cometographia;* schon das Titelkupfer zeigt das Unwissen der Gelehrten über die Bahnen der Kometen: Drei falsche Theorien sind abgebildet, darunter auch (in der Mitte) die von Hevelius vertretene

31　John Flamsteed, englischer Astronom, 1674 zum ersten »Astronomer Royal« (Königlichen Astronomen) ernannt; rund 30 Jahre lag er mit Edmond Halley in erbittertem Streit, der Flamsteeds Sternenkatalog durchgesehen und vervollständigt hatte, was von dem Autor als »Fälschung« angesehen wurde

32 Der Halleysche Komet 1759, gemalt von Samuel Scott (Bernard Gallery, London)

33 Johann Georg Palitzsch, sächsischer Bauernastronom, der am ersten Weihnachtstag 1758 als erster den von Edmond Halley für dieses Jahr vorausgesagten Kometen wiederentdeckte, der seither den Namen Halleys trägt

34 Der Halleysche Komet 1835
(Darstellung auf einem zeitgenössischen
französischen Flugblatt »Notice histo-
rique et astronomique, sur la comète de
1835«)

35 Der Halleysche Komet am
12. Oktober 1835, Zeichnung von F. G.
Wilhelm Struve von der Sternwarte
Dorpat (Tartu), der den Schweif
des Kometen mit einer Flamme verglich:
»Es schien als wenn ein Feuerstrahl
vom Kern... wie aus einem Geschütz
herausströmte.«

36 Die Beobachtung des Halleyschen Kometen 1835, Zeichnung von C. Laplante

37 »Pérégrinations d'une comète« (Wanderungen eines Kometen), gemalt von
J. Grandville (1844). Auch 1910 sprachen die Franzosen vom Halleyschen Kometen
als »Mademoiselle Halley«

zwei Teile geteilt, und Halley bezog einen davon. Auf dem Dach errichtete er eine kleine Sternwarte. Offensichtlich wohnte er aber vor 1705 gar nicht in dem Haus und lebte nach 1713 wieder ständig in London. Dennoch behielt er in seinem Oxforder Haus ein Zimmer, das er gelegentlich benutzte, wenn er dorthin zu Besuch kam.

Eine der ersten Aufgaben, die Halley als Savilian-Professor bewältigen mußte, bestand darin, zusammen mit David Gregory das Werk des griechischen Mathematikers Apollonios zu übersetzen und herauszugeben. Apollonios lebte Ende des 3. Jahrhunderts v. Chr. in Alexandria und untersuchte gekrümmte geometrische Linien, unter anderem auch Kegelschnitte. Halley ging zunächst ein kleines Werk von Apollonios an, einen Teil, der bereits von Edward Bernard ins Lateinische übersetzt und von David Gregory durchgesehen worden war. Das Problem bestand darin, daß der Apollonios-Text nur noch in Arabisch (und nicht mehr in der griechischen Originalfassung) existierte und Halley der arabischen Sprache nicht mächtig war. Doch schreckte ihn das nicht: Er benutzte einfach die lateinische Übersetzung als Schlüssel für das Arabische und konnte auf diese Weise den restlichen Text übersetzen. Man sagt, daß der große Orientalist Dr. Sykes über Halleys Können hocherstaunt war.

Halley setzte daraufhin seine Arbeit an Apollonios' großem Werk über die Kegelschnitte fort. Es bestand aus acht Abschnitten, doch fehlte der letzte. Bevor Gregory seinen Anteil an der Übersetzung fertigstellen konnte, verstarb er, und Halley hatte nun das meiste selber zu übersetzen. Am schwierigsten war es, den fehlenden achten Abschnitt zu rekonstruieren. Halley nahm die Aufgabe dennoch in Angriff, und es gelang ihm schließlich, mit Hilfe seiner Sachkenntnis und dem aus den anderen Abschnitten bekannten Schreibstil des Apollonios das achte Kapitel zu erschließen. Dabei kamen ihm auch die Anmerkungen zugute, die der Mathematiker Pappus in lateinischer Schrift zum achten Abschnitt, der ihm noch bekannt war, notiert hatte. Insgesamt war dies eine hervorragende Leistung Halleys, und er wurde dafür (und für andere Übersetzungen, wie z. B. die Edition der *Sphären* von Menelaus) von der Universität Oxford 1710 zum Doktor des Bürgerrechts ernannt.

In der Folge wurde Halley in einen heftigen Streit verwickelt, der nach 1705 zwischen der »Royal Society« und seinem Widersacher und Kollegen John Flamsteed entbrannt war. Flamsteed weigerte sich nämlich, seine Beobachtungen bekannt zu machen, obwohl er als »Astronomer Royal« dazu verpflichtet war. Flamsteed war der Ansicht, daß seine Beobachtungsergebnisse sein Eigentum seien, welches er nach eigenem Ermessen veröffentlichen könne oder nicht, denn er hatte ja auch seine Instrumente selber bezahlt und erhielt nur ein bescheidenes Gehalt von der britischen Krone, das er durch Privatunterricht aufbessern mußte.

Sir Isaac Newton, der damalige Präsident der »Royal Society«, benötigte aber dringend Flamsteeds Ergebnisse, um seine Mondtheorie zu überprüfen. Daher übte er Druck auf Flamsteed aus, ihm die Resultate auszuhändigen, und hatte schließlich auch Erfolg damit. Flamsteed schickte seinen Sternkatalog nur mit Widerwillen an die »Royal Society«, die einen Prüfungsausschuß bildete, dem auch Halley angehörte.

Flamsteed wurde daraufhin gebeten, seine Arbeit so zu vervollständigen und zu bearbeiten, daß man sie veröffentlichen konnte. Die Druckkosten wollte der Gemahl von Königin Anna, Prinz Georg von Dänemark, übernehmen. Doch starb Prinz Georg 1708, und der Druck, der trotz des wenig kooperativen Verhaltens Flamsteeds schon seit zwei Jahren betrieben worden war, lag auf Eis. Der »Royal Society« riß nun der Geduldsfaden, insbesondere wegen Flamsteeds störrischem Gehabe. Königin Anna wurde gebeten, eine Vollmacht zu erlassen, derzufolge der Präsident der Gesellschaft mit Sonderbefugnissen ausgestattet wurde. Dazu gehörte auch das Recht, vom »Astronomer Royal« eine saubere Abschrift seiner jährlichen Beobachtungen bis spätestens sechs Monate nach Ablauf des alten Jahres zu erhalten. 1711 ging der Druck von Flamsteeds Katalog weiter. Da sich Flamsteed aber so wenig kooperativ verhalten hatte, entschied die »Royal Society«, Halley mit der Fertigstellung und Herausgabe zu beauftragen.

Halley nahm seine neue Aufgabe mit bestem Willen in Angriff. Daß er sie so gut wie möglich erledigen und mit Flamsteed zusammenarbeiten wollte, wird in einem Brief deutlich, den er an Flamsteed schrieb; darin heißt es:

»Obschon ich glaubwürdig darüber informiert bin, daß Euch die Korrekturblätter nach und nach von der Druckereianstalt zugesandt wurden, schicke ich Euch nun, um sicherzugehen, den Fixsternkatalog zu, der Eurem Buch vorangestellt werden soll. Ich habe keine Mühe gescheut, ihn so vollständig und korrekt zu geben, wie es anhand Eurer Beobachtungen vor 1706 möglich war. Ich bitte Euch nun, sämtliche noch vorhandenen Fehler, die Ihr finden könnt, zu verbessern, damit das Werk so perfekt wie nur möglich wird. Wenn Ihr das, was fehlt, kennzeichnet, werden die Fehler angemerkt oder gegebenenfalls die Blätter neu gedruckt. Bitte zügelt Eure Leidenschaft, und wenn Ihr seht und überlegt, was ich für Euch getan habe, werdet Ihr mich vielleicht von Eurer Seite aus einer besseren Behandlung wert finden, wie Ihr sie mir vor langer Zeit als Eurem ehemaligen Freund geschenkt habt, und mich nicht als Euren Feind ansehen – als welchen Ihr mich bezeichnet.«

Halleys Ausgabe von Flamsteeds Katalog erschien 1712 als *Historia Coelestis*. Als Flamsteed sah, wie freizügig seiner Meinung nach Halley mit seinem Werk umgegangen war, wurde er sehr aufgebracht und wollte eine Ausgabe, die allein von ihm bearbeitet werden sollte, herausgeben. Zudem versuchte Flamsteed, die *Historia Coelestis* zu verbieten, und sorgte dafür, daß im Jahre 1715, mit Ausnahme eines Bandes, Dreiviertel der gesamten veröffentlichten Kopien verbrannt wurden, was er als ein »Opfer um der himmlischen Wahrheit willen« ansah. Seine eigene Ausgabe, die *Historia Coelestis Britannica*, erschien erst postum, ist aber ein Zeugnis für das Geschick und den Fleiß eines talentierten, wenn auch schwierigen Mannes.

1719 starb der »Astronomer Royal« John Flamsteed, und Halleys astronomische Laufbahn erreichte nun ihren Höhepunkt, als er 1720 zum zweiten Königlichen Astronom gewählt wurde.

Bis 1720 hatte Halley mehrere bedeutende Arbeiten veröffentlicht, unter anderem 1714 über Meteore und die magnetische Mißweisung, 1715 über Novae (Sterne, deren Helligkeit plötzlich ansteigt) sowie 1716 über Polarlichter (Leuchterscheinungen in der Nähe der Erdpole) und über die Möglichkeit, die Astronomische Einheit mit Hilfe der Venusdurchgänge zu bestimmen.

1717 publizierte er eine Arbeit über die Fixsterne. Schon 1710 hatte er die Sternörter untersucht, die Ptolemäus im 2. Jahrhundert n. Chr. angegeben hatte, und gefunden, daß diese Positionen erheblich von seinen und der Messungen anderer Astronomen abwichen. Nach einigen Rechnungen schloß Halley, daß der Unterschied daher kommen müsse, daß sich die Sterne im Laufe der Jahrhunderte bewegt hätten. Ptolemäus' Meßergebnisse zweifelte Halley nicht an.

Diese Schlußfolgerung war für die damalige Zeit revolutionär, denn bislang hatte man geglaubt, die Sterne seien ans Himmelsgewölbe angeheftet, also ruhend. In der Tat wird ein gelegentlicher Beobachter immer denselben Eindruck von den Sternbildern gewinnen und selbst nach Jahren keine Veränderung feststellen. Wie konnten sich also die Sterne bewegen? Halley nahm an, daß die Sterne so weit von der Erde entfernt sind, daß man 1500 Jahre warten müßte, um eine Änderung der Sternörter wahrnehmen zu können. Erst Anfang des 19. Jahrhunderts konnte der Königsberger Astronom Friedrich Wilhelm Bessel die Entfernung eines Fixsterns exakt bestimmen und damit zugleich die Möglichkeit bieten, die von Halley bereits 1718 entdeckte Eigenbewegung der Fixsterne in wahren Entfernungen anzugeben. Zu Halleys Zeiten waren die Instrumente noch nicht so weit entwickelt, um seine Theorie nachprüfen zu können. Immerhin müssen sich dafür Winkel messen lassen, die kleiner als eine Bogensekunde sind.

Als neuer »Astronomer Royal« zog Halley nach Greenwich. Zu seinem Entsetzen hatte Flamsteeds Witwe sämtliche Instrumente seines Vorgängers entfernt, wozu sie nach den damaligen Gesetzen auch das Recht besaß. Mit einer »königlichen« Beihilfe von 500 Pfund konnte Halley die Sternwarte neu einrichten. Seine Hauptaufgabe war es nun, mit Hilfe der Mondbahn eine Möglichkeit zu finden, wie man die geographische Länge auf See bestimmen kann. Dazu war es notwendig, den Mond 18 Jahre lang genau zu beobachten. Erst nach diesem Zeitraum wiederholen sich mehr oder weniger die Bahnunregelmäßigkeiten des Mondes.

Erst wenn man die Mondpositionen während eines vollständigen 18jährigen Saroszyklus kannte, konnte man darangehen, die geographische Länge auf See zu bestimmen. Halley glaubte, man könne den Mond als einen riesigen Uhrzeiger benutzen, der gegen den Fixsternhimmel eine »Standardzeit« anzeigt, welche die Seeleute nur mit der örtlichen Schiffszeit vergleichen müßten, um so die jeweilige geographische Länge zu bekommen.

Halley nahm also sein 18jähriges Beobachtungsprogramm wieder auf, das er 1683 wegen des Todes seines Vaters abgebrochen hatte. Er wurde davon so beansprucht, daß er entgegen seiner Gewohnheit die saubere Abschrift seiner jährlichen Beobachtungen unpünktlich an die »Royal Society« ablieferte, so daß ihn der damalige Präsident, Sir Isaac Newton, an seine Aufgabe als »Astronomer Royal« erinnern mußte. Vielleicht war es die beträchtliche Summe, die Halley von der Regierung für die Lösung des Längenproblems in Aussicht gestellt worden war, die ihn von anderen Aufgaben, die ihm oblagen, abhielt.

Die Lösung des Problems wurde schließlich von John Harrison mit seinem ausgeklügelten Schiffschronometer geliefert, das Halley in einer Version auf einer Tagung des Längenausschusses im Jahre 1737 sah.

1720, im ersten Jahr seines Amtsantritts als »Astronomer Royal«, erschien Halleys Beitrag über die Beobachtungen von Jacques Cassini (1677–1756), dem Sohn Giovanni Domenico Cassinis, bei dem Halley auf seiner großen Reise durch Europa Station gemacht hatte. Außerdem veröffentlichte er eine Arbeit über Beobachtungen mit einem Passageinstrument. Dabei handelte es sich um ein Beobachtungsinstrument, das so montiert und aufgestellt war, daß man nur Sterne oder andere Himmelsobjekte entlang der Nord-Süd-Linie, dem Meridian, beobachten konnte. Gleichzeitig ließ sich auch ihre

Durchgangszeit durch diese gedachte Himmelslinie messen. Dabei schaute man durch ein Okular, in dessen Mitte sich ein Fadenkreuz befand, das oft aus den feinen Fäden eines Spinnenetzes bestand.

Ferner lieferte Halley 1720 einen Beitrag zur Kosmologie, wobei er all denen widersprach, die das Universum für endlich hielten. Halleys Hauptargument war, daß ein begrenztes Universum einen Mittelpunkt haben müßte, der gemäß dem allgemeingültigen Gravitationsgesetz sämtliche Materie anziehen würde; als Konsequenz würde das Universum vollständig und für immer zerstört. Halleys Behauptungen waren zwar nicht fehlerfrei, dennoch bedeuteten sie einen originellen und stimulierenden Beitrag zu diesem noch in den Anfängen befindlichen Forschungsgebiet.

1729 wurde Halley zum Mitglied der Pariser Akademie der Wissenschaften gewählt, eine höchst ehrenvolle Auszeichnung. Im selben Jahr machte Königin Caroline, die Gemahlin Georgs II., einen offiziellen Besuch in der Sternwarte von Greenwich. Wir wissen, daß Halley Sir Hans Sloane darum ersucht hatte, die Königin persönlich herumführen zu dürfen, möglicherweise, um ihr einen Wink geben zu können, daß das Gehalt des »Astronomer Royal« sehr bescheiden war. Königin Caroline muß diesen Hinweis aufgenommen haben oder zumindest von Halley so beeindruckt gewesen sein, daß sie nach ihrem Besuch den König davon überzeugen konnte, Halley eine Pension zu gewähren. Offiziell erhielt sie Halley für die Zeit, die er 1698–1701 als Seeoffizier zugebracht hatte, doch vermutet man wohl richtig, daß es sich in Wirklichkeit um eine Aufbesserung von Halleys schmalem Gehalt handelte.

Für die 30er Jahre des 18. Jahrhunderts ist belegt, daß sich die Mitglieder der »Royal Society« in einem Londoner Kaffeehaus zum Gedankenaustausch trafen, bevor die offizielle Sitzung am Abend begann. Es ist sehr wahrscheinlich, daß Halley die Hauptfigur bei diesem Treffen war, aus denen dann 1743, ein Jahr nach seinem Tod, der »Royal Society Club« entstand. Es wird berichtet, daß in der Zeit, als die Treffen im Fakultätshof stattfanden, Halley genötigt war, Fisch zu essen, denn er hatte keine Zähne mehr. Damals war er bereits in den Siebzigern.

Im Januar 1736 starb Halleys Frau. Dies muß für ihn ein schwerer Schlag gewesen sein, denn ihre 54 Jahre während Ehe schien recht glücklich und harmonisch verlaufen zu sein, wenngleich man nur sehr wenig über das Privatleben Halleys weiß. In der Tat war dieses persönliche Schicksal wohl mit dafür verantwortlich, daß Halley noch im selben Jahr einen leichten Schlaganfall erlitt. Wegen einer teilweisen Lähmung seines rechten Armes mußte ihm fortan ein Gehilfe, Gael Morris, bei der Arbeit zur Hand gehen. In diesem Jahr machte Halley auch sein Testament.

1741 verschlechterte sich Halleys Gesundheitszustand. Darüber hinaus starb in diesem Jahr auch noch sein Sohn Edmond, von dem wir nicht mehr wissen, als daß er Schiffsarzt war. Dennoch setzte der »Astronomer Royal« seine Arbeit bis zum Ende seines Lebens fort. Der *Biographica Britannica* zufolge soll »seine Lähmung allmählich schlimmer geworden sein und sich dabei seine Kraft erschöpft haben, zwar langsam, aber stetig. Schließlich halfen nur noch Herzmittel, die ihm sein Arzt verordnete ... Endlich wurde er müde und fragte nach einem Glas Wein. Als er es getrunken hatte, starb er in seinem Stuhl sitzend ohne einen Seufzer am 14. Januar im Alter von 86 Jahren.« Er wurde in Lee bei Greenwich neben seiner Frau beerdigt.

Heutzutage bringt man den Namen Edmond Halleys fast nur mit dem Kometen in Verbindung, der etwa alle 76 Jahre zur Sonne und damit auch zur Erde wiederkehrt. Als Halley noch lebte, war dies nicht der Fall. Er galt als ein vielseitig begabter Mann und war als Astronom, Mathematiker und Naturforscher gleichermaßen bekannt. Außerdem besaß er Fähigkeiten als Navigator, Übersetzer und – man höre und staune – auch als Dichter. In Newtons berühmtem Werk, der *Principia*, findet man Verse von ihm.

Als Geophysiker lieferte Halley wesentliche Beiträge zur Ozeanographie, zum Erdmagnetismus und zur Meteorologie. Seine Theorien zu den Passatwinden haben sich zwar als falsch erwiesen, gaben aber den nötigen Anstoß, sich mit dem Problem weiter zu beschäftigen und brauchbarere Theorien aufzustellen. Er verbesserte wissenschaftliche Instrumente und Geräte und erforschte Methoden des Tiefseetauchens. Als Navigator entwickelte er ein Verfahren zur Bestimmung der geographischen Länge auf See. Er war ein Fachmann für die griechische Geometrie der Antike, die er aus dem Arabischen übersetzte. Kurzum, Edmond Halley war an jeglichem Problem oder Phänomen interessiert, das man wissenschaftlich angehen konnte – angefangen von der Bevölkerungsstatistik (wie bei seinem Vergleich der Bevölkerungsdichte von London und Paris) bis hin zur historischen Geographie (wie bei der Erforschung der Landung Julius Cäsars in Britannien). Seine Berechnungen und Tabellen zur Lebenserwartung führten zu den Anfängen der Lebensversicherung.

Ein wenig bekanntes Beispiel mag Halleys Interessenvielfalt verdeutlichen. Als 1688 der Aufseher des Londoner Botanischen Gartens erwähnte, daß es einer Pflanze unter einer Glasglocke gut ergehe, wenn die Glasglocke aber mit braunem Papier bedeckt sei, die Pflanze einginge, war Halleys Interesse geweckt. Er bereitete einen Versuch vor, bei dem tagsüber eine Pflanze mit einer undurchsichtigen Glocke und nachts mit einer durchsichtigen Glocke bedeckt wurde. Dadurch sollte sich zeigen, ob das Sonnenlicht für die Pflanze lebensnotwendig ist oder etwas anderes. Mit diesem biologischen Experiment zur Photosynthese nahm Halley die entscheidende Arbeit zweier Wissenschaftler, Joseph Priestley und Jan Ingenhousz, fast ein Jahrhundert vorweg.

Zur Aussprache des Namens »Halley«

Die allgemein gängige Aussprache von Edmond Halleys Namen als ›Haley‹ [heili] ist zweifellos entscheidend auf Bill Haley zurückzuführen, der mit seiner Rock'n Roll-Band, den *Kometen,* in den 50er und 60er Jahren weltweite Bekanntheit erlangte. Und es ist historisch gesichert, daß diese Aussprache mit dem Eintrag ins Heiratsregister am 20. April 1682 übereinstimmt, als Halley seinen Namen ›Hailey‹ buchstabieren ließ.

Allerdings benutzen viele Leute heute auch schon die moderne, logische Form der Aussprache, die Halley mit ›alley‹ [ˈæli] reimt. Dies entspricht der Aussprache von ›Halleluja‹ und der, die viele Menschen mit Namen Halley heute bevorzugen. Ein Vers von H. H. Turner, den dieser anläßlich der Rückkehr des Kometen 1910 schrieb, bietet passende Reime für diese Version der Aussprache. (Allerdings hat Turner die Begriffe Kometen und Meteore gleichgesetzt.)

Of all the meteors in the sky,
There's non like Comet Halley.
We see it with the naked eye,
and periodically.

Von allen Meteoren am Himmel
gibt es keinen so wie den Kometen Halley,
wir sehen ihn mit bloßem Auge,
und er erscheint periodisch.

Dieser Reim ist von Dr. John Watson leicht modifiziert worden, wobei er die meiner Meinung nach richtige Aussprache des Namens verdeutlicht, wenn er auf die nicht so günstigen Beobachtungsbedingungen 1985/86 hinweist:

We'll see it with the naked eye,
But this time very *poorly*.

... wir werden ihn mit bloßem Auge sehen,
doch diesmal nur sehr schwach.

Zu Halleys Lebzeiten (1656–1742) gab es keine einheitliche Rechtschreibung, so daß es heute nicht mehr möglich ist, die genaue Aussprache seines Namens festzustellen. Dennoch stimme ich mit der Meinung des Halley-Biographen Colin Ronan und der von E. F. MacPike überein, der eine Sammlung vieler Briefe Edmond Halleys besitzt, daß der Name Halley sich wie ›Hawley‹ [hɔːli] ausspricht.

Eine kleine Überlegung sollte diese Annahme bestätigen: Jeder spricht ›hall‹ wie ›hawl‹ aus (›hɔːl‹ mit einem offenen ›o‹). Fügt man die Endung ›-ey‹ an, erhält man ›Hawley‹. Schaut man sich die verschiedenen Schreibweisen des Namens zu seinen Lebzeiten an, so findet man, daß er sich selber ›Halley‹ schrieb. Zugleich wurde sein Name aber auch falsch geschrieben, meistens als ›Hailey‹, ›Haley‹, ›Hally‹, ›Hayley‹ – und sehr oft als ›Hawly‹ oder ›Hawley‹. Die Leute, die seinen Namen am ehesten richtig schreiben können mußten, waren die, die mit ihm persönlich gesprochen haben und hörten, wie er selber seinen Namen aussprach. Es waren dies Leute mit bester Schulausbildung, und sie hatten oft hohe Stellungen inne. Aus wichtigen Dokumenten der Zeit glaube ich gesichert entnehmen zu können, daß Halleys Name wie ›Hawley‹ ausgesprochen wird. Viele dieser Papiere sind im Britischen Zentralarchiv aufbewahrt. Hier ein Beispiel:

»Die Königin wünscht«, so schrieb der Earl von Nottingham an den königlichen Schatzkanzler, »daß 200 £ im voraus an Edmund *Hawley* zu entrichten sind, um dessen Unkonsten zu decken, die seine geplante wichtige Auslandsreise mit sich bringen wird.«

Ein Brief, der eine Woche später in Latein abgefaßt wurde und von Königin Anna unterzeichnet ist, beginnt mit den Worten: »Edmd. *Hawley* arm. Lræ Salvi Conductus. Anna Dei Gratia Magnæ Britannicæ...«

Trotz alledem wurde der Name später als ›Edmundo Halley‹ geschrieben.

Viele andere Historiker und Schriftsteller haben ebenfalls ihre Meinung zu diesem Problem geäußert. Um die Kontroverse ein für allemal zu beenden, möchte ich zunächst Samuel Pepys zitieren, der wie Halley großes Interesse an Problemen der Königlichen Marine hatte. In einem der Logbücher Pepys' steht zu lesen, daß »Mr. *Hawley* sowohl in der Theorie als auch in der Praxis als der beste Fachmann für die Navigation galt«.

In Luttrells *Brief Relation of State Affairs* (Kurzgefaßte Abhandlungen zur Staatsgeschichte) findet man mit dem Datum vom 14. September 1700 eine Eintragung, in der es heißt: »Kapitän *Hawley*, der berühmte Mathematiker, ist von seiner Expedition, die in die Südsee führte, zurückgekehrt und erstattete der Hohen Admiralität Bericht über seine Beobachtungen und Aufzeichnungen, die er dort machte.«

Als ich »Halley's Comet Society« gründete, in der es keine Gesetze, Vorschriften und keinen Vorstand gibt, meinte ich doch, daß es so etwas wie eine Aufnahmebedingung geben sollte. Die Mitglieder sollten nach außen hin in bezug auf Halley und seinen Kometen Zusammengehörigkeit beweisen, und das konnte sich auch in einer einheitlichen Aussprache äußern. Deshalb machte ich den Mitgliedern den Vorschlag, den Namen ›Halley‹ wie ›Hawley‹ auszusprechen, entgegen den anderen landläufigen Versionen.

Als Nachtrag möchte ich noch hinzufügen, daß wir aus Archivmaterial und auch aus Halleys Testament wissen, daß er seinen Vornamen Edmond und nicht Edmund schrieb, was sich wahrscheinlich aus der lateinischen Schreibweise ableitete.

Bizarres und wenig Bekanntes
zu Halleys Komet

Als der Halleysche Komet am 16. Oktober 1982 mit dem 5 m-Spiegelteleskop auf dem Mount Palomar wieder aufgefunden wurde, befand er sich noch jenseits der Saturnbahn und »besaß eine Helligkeit wie eine einzelne Kerze, die aus einem Abstand von 43 000 km betrachtet wird«. (NASA-Handbuch über den Kometen Halley, 2. Auflage)

»1973 hatten damalige Sterndeuter die anfangs strahlende (und später enttäuschende) Erscheinung des Kometen Kohoutek als Zeichen für den Sturz der vom Watergate-Skandal erschütterten Regierung Richard Nixons interpretiert. (Dennis Overbye im *Discover-Magazine*, Dezember 1981)

Eine von einem gewissen Moses David verfaßte Flugschrift zum Erscheinen des Kometen Kohoutek 1973 war überschrieben: »40 Tage! Und ›Ninive wird zerstört werden!‹« Im Inneren dieses auch in deutscher Ausgabe erschienenen Pamphlets wurde die Ölkrise in Verbindung mit dem Kometen gebracht. (Herausgegeben von »Children of the God Trust« 1973)

Voltaire soll erklärt haben, daß 1758, in dem Jahr, für das Halley die Wiederkunft des Kometen vorhergesagt hatte, kein Astronom vor Aufregung zu Bett gegangen sei, um zu überprüfen, ob Halley nun recht behalte oder nicht. Aber trotz all dieser Aufmerksamkeit der Fachleute war es der deutsche Bauernastronom Palitzsch, der als erster den Kometen mit einem gewöhnlichen Teleskop etwa einen Monat vor den Berufsastronomen wieder-

141

entdeckte. (Nach verschiedenen Quellen, u. a. auch aus einem Artikel von Blake Clark in *Reader's Digest* vom Dezember 1983.)

»Einige Fachleute behaupten, daß vor 63 Millionen Jahren der Staub eines Kometen die Erde so sehr vom Licht der Sonne abschirmte, daß fast die gesamte Vegetation zugrunde ging.« Diese Annahme kann einigermaßen zufriedenstellend das plötzliche und sonst nur schwer zu verstehende Aussterben der Dinosaurierarten erklären. Bei fehlender pflanzlicher Nahrung mußten sie bald des Hungertodes sterben. (Aus Nigel Calders Buch *Das Geheimnis der Kometen*; diese Hypothese ist neuerdings wieder stark umstritten und höchst fraglich.)

»Mehrere luxuriös ausgestattete Züge der Central Railroad Company von New Jersey, die 1929–1943 zwischen New York und Atlantic City verkehrten, trugen den Namen ›Der blaue Komet‹. Jedes Abteil hatte den Namen eines Kometen, wobei der Halleysche Komet die erste Stelle einnahm.« (Archiv der Kongreß-Bibliothek)

Als bekannt wurde, daß die NASA aus Geldmangel keine vergleichbare Weltraummission wie die Europäer (Giotto), die Sowjets und Japaner zum Kometen Halley schicken kann, hatten Barbara Honegger, eine Angestellte des Weißen Hauses, und Stan Kent, Präsident der Delta-Vee-Gesellschaft, eine glänzende Idee, um die USA doch noch am Kometenrennen zu beteiligen. Sie gründeten die »Halley-Stiftung«, um von patriotischen US-Bürgern Spenden zu sammeln, die (wie sie betonen) auch noch von der Steuer abzusetzen sind. Damit soll eine Sonde finanziert werden, die zum Kometen geschickt werden und ihn mit Spezialgeräten fotografieren soll. Neben den Spenden erhofft man sich Einnahmen aus Werbung, dem Verkauf von Maskottchen und aus der Vergabe von Übertragungsrechten an das Fernsehen für die Zeit des Vorbeiflugs. Die Schwierigkeiten und die Kosten der Realisierung dieses Planes sind unwahrscheinlich hoch, und das Projekt dürfte allein schon aus zeitlichen Gründen nicht mehr durchzuführen sein. (Anzeige im *Omni*-Magazin, Juli 1982, und Artikel von Geoffrey Golson: *Unser Wissen über Kometen* im *TWA Ambassador* vom Mai 1982)

Die schwankende Umlaufzeit des Halleyschen Kometen mit etwas weniger als 75 bis hin zu 78 Jahren (bei einem Mittelwert von etwa 76 Jahren) war Ursache manch hitziger Debatte zwischen Astronomen und Mathematikern. Einer von ihnen, ein Astronom namens Brady, hatte 1972 die Vermutung geäußert, daß man dies vielleicht auf den Einfluß eines bis jetzt noch nicht entdeckten Planeten (»Planet X«) zurückführen könne, der jenseits von Pluto, am Rande unseres Sonnensystems, seine Bahn zieht. Etwas später, aber noch im Jahr 1972, veröffentlichte Dr. T. Kiang eine Theorie, in der er die obige Vermutung widerlegt und statt dessen annimmt, daß eine Drei-Körper-Wechselwirkung zwischen dem Kometen, der Sonne und dem Planeten Jupiter für die unterschiedlichen Zeiten zwischen den Periheldurchgängen verantwortlich sei. Erinnern wir uns an den berühmten Fallversuch mit dem Apfel von Isaac Newton, der damit die Anziehungskraft der Erde demonstrieren wollte. Ebenso wie der Apfel kann ein großer Planet auch den Kometen anziehen und dabei beschleunigen, wenn dieser ihm zu nahe kommt. Ebenso kann aber auch eine verzögernde Wirkung eintreten, wenn der Abstand zwischen dem Kometen und dem Planeten hinreichend groß ist. (*Die Ursache der Unregelmäßigkeiten in der Bewegung des Halleyschen Kometen*, Bericht von T. Kiang an die Königlich Astronomische Gesellschaft)

Im Januar 1910 hatte ein neuer Komet mit der vorläufigen Bezeichnung »1910-I« die »Frechheit«, am Himmel zu erscheinen. Er war immerhin so beachtenswert und auch hell, daß er das allgemeine Interesse auf sich hätte ziehen können. Aber er war leider zur falschen Zeit gekommen, denn alle Welt dachte nur an den Halleyschen Kometen, so daß der Neuankömmling in der Öffentlichkeit fast völlig ignoriert wurde. (Artikel im *Yankie* von Greg Stone, Dezember 1973)

1680 sorgte ein Komet für viel Aufregung, vor allem bei Geflügel-
züchtern. Damals soll eine Henne in Rom so sehr vom Anblick des
Kometen beeinflußt worden sein (oder sie wollte sich und dem
Kometen ein Denkmal setzen), daß sie ein Ei legte, das ein Abbild
des Kometen auf der Schale zeigte. Mehrere Flugblätter bezeu-
gen dies, und auch der Papst und die Königin von Schweden be-
wunderten dieses Hühnerei. Ein weiteres »Beweisstück« ist ein
alter deutscher Holzschnitt aus dem Jahre 1682, der das Bild des
Halleyschen Kometen auf einer Eierschale zeigt. Aus Marburg
wird eine ähnliche Begebenheit gemeldet. Ein Marburger Professor gab dazu folgenden Kommentar ab: Es habe sich um ein Huhn
gehandelt, »das niemals vorher ein Ei geleget, mit unglaubli-
chem Geschrei und großem Geräusch ein solches mit Sternen und
Strahlen… geleget hat«. (F. S. Archenhold: *Kometen, Weltuntergangsprophezeiungen und der Halleysche Komet.* Berlin-Treptow
1910)

Auch bei der letzten Erscheinung des Halleyschen Kometen soll
es solch bemerkenswerte Eier gegeben haben, wie aus den Mittei-
lungen der Astronomischen Gesellschaft von Frankreich vom
August 1910 hervorgeht: »Madame Bouyard schrieb uns am 17.
Mai, daß eine ihrer Hennen ein Ei legte, daß deutlich die Umrisse
eines Kometen auf der Schale zeigen soll, etwa in der Form eines
großen Sternes mit einem Schweif.« Unglücklicherweise fügte
Madame Bouyard ihrem Brief keine Zeichnung bei, auch scheint
das Ei nicht mehr zu existieren. In Anbetracht dieser alten Tradition kann man für 1986 eine Unmenge von Kometeneiern erwarten, zumal heute die Hennen in Legebatterien voll im Geschäft
sind. (Archiv der Kongreß-Bibliothek in Washington, D.C.)

Die Beziehung zwischen Hühnern, ihren Eiern und dem Kometen zeigt sich auch in der folgenden lustigen Geschichte, die in
einer Tageszeitung aus Nevada (USA) im Mai 1910 abgedruckt
wurde:
»*Eier mit Kometenbild. Die neueste Produktion.* Halleys Komet
beschert uns nicht nur viel Unruhe und Aberglauben und bringt

den Leuten eine Erkältung, die – nur mit Nachthemden bekleidet – ihn am Himmel sehen wollen, er mischt sich jetzt auch noch in die Pflichten der Hühner von Reno ein. Wenn Sie es nicht glauben, dann lesen Sie diesen Bericht über den Ladenbesitzer Fogg und sein Haushuhn. An einem frühen Morgen vor einigen Tagen ging Mr. Fogg gegen 3 Uhr mit einem Bademantel bekleidet hinaus, um von seinem Hinterhof aus den Halleyschen Kometen zu beobachten. Wie er draußen war, fand er es sehr rätselhaft, daß sein Haushuhn gackernd durch den Hof lief und zum Himmel schaute. Er beobachtete das Huhn noch ein paar Minuten und ging ins Haus zurück, als die Henne wieder in den Hühnerstall lief. Später am Morgen schaute Mr. Fogg im Hühnerstall nach und fand in dem Nest seines Haushuhns ein Ei mit dem Bild eines langen Schweifes. Es war ein Kometenei, und wahrscheinlich ist das Huhn zunächst in den Hof gegangen, um sich den Kometen gut anzuschauen, um dann ein solches Spezialei für seinen Herrn zu legen.«

»Das kleine Linsenteleskop von Sir John Herschel hat eine bemerkenswerte Verbindung zum Halleyschen Kometen von 1835 und von 1910. Herschel benutzte es, um sich vom Kometen zu verabschieden, als er ihn letztmalig im Mai 1836 beobachtete. Es wurde dann wieder benutzt, um 73 Jahre später den Kometen zu begrüßen. Diesmal war es das Leitfernrohr eines größeren Teleskops in der Helwan-Sternwarte nahe den berühmten Pyramiden von Sakkara in Ägypten. Mit diesem Teleskop wurde am 24. August 1909 erstmalig der Komet bei seiner letzten Wiederkehr fotografiert.« (*Populäre Astronomie*, Oktober 1949; die erste gemeldete Aufnahme des Halleyschen Kometen stammt allerdings von Max Wolf von der Sternwarte Heidelberg-Königstuhl, erhalten am 11. September 1909 mit einem 72 cm-Spiegelteleskop. Die Aufnahme vom Helwan-Observatorium wurde erst später bekannt.)

»Zwei chinesische Wissenschaftler, Ren Zhenqui und Li Zhisen, sagten für die nächsten zwei Jahrzehnte eine ›kleine Eiszeit‹ mit strengen Wintern und heftigen Frosteinbrüchen voraus. Grund dafür sollte die Konstellation der Planeten vom 2. November 1982 sein, bei der alle Planeten, mit Ausnahme der Erde, auf der entgegengesetzten Seite der Sonne standen. Im Widerspruch dazu behauptete Arthur Mackins, ein englischer Meteorologe, daß die Chinesen im Unrecht seien. Er sagte, daß wir für die nächsten Jahre eine große Hitzewelle zu erwarten hätten, die mit der Wiederkehr des Halleyschen Kometen im Jahre 1986 zusammenhängt. Einige der heißesten Sommer, die jemals registriert wurden, traten bei früheren Besuchen des Halleyschen Kometen auf, erklärte Mackins, so wie seiner Meinung nach der schöne Sommer von 1976 auf den Kometen West zurückzuführen sei.« (*The Times*, London, vom 3. November 1982)

Der amerikanische Autor James Thurber war gerade 16 Jahre alt, als der Halleysche Komet 1910 erschien. In seinem Buch *My World and Welcome to it (Meine Welt und mein Willkommensgruß für sie)* schreibt er humorvoll (er nahm bewußt Abstand von den Vorhersagen der Katastrophen, die der Komet verursachen sollte): »Nichts ist passiert, außer daß ich immer nach Sonnenuntergang ein merkwürdiges Ziehen in meinem linken Ohr verspürte und die Tendenz hatte, auf allen vieren zu laufen, wenn ein Streichholz oder eine Laterne angezündet wurde.« (Zeitung der »Halley's Comet Watch«, Mai/Juni 1982)

Im September 1984 meldete die sowjetische Nachrichtenagentur TASS, daß ein altes lettisches Volkslied den Astronomen Hinweise auf die Erscheinung des Kometen Halley aus dem Jahr 240 v. Chr. gegeben haben soll. Diese Entdeckung machte Jan Kletniek, Assistenzprofessor in Riga.

Im Herbst 1984 wurde in England der *Offizielle Zwei-Jahreskalender zum Kometen Halley* herausgegeben, der die Jahre 1985/86 umfaßt. Als Schrift war ganz zufällig eine Type mit der Bezeichnung »Horley« gewählt worden. Im Text des Kalenders wird nirgendwo auf das Wirrwarr um die richtige Aussprache des Namens »Halley« hingewiesen, auch war damals das entsprechende Kapitel dieses Buches noch nicht geschrieben.

1986 werden die Weltraummissionen hoffentlich die Gashülle, die den Halleyschen Kometen umgibt, erforschen können. Aber schon 1910 konnte man lesen, wie man sich damals ein ähnliches Experiment vorstellte, das auch noch in Verbindung mit einem fröhlichen Umtrunk stattfinden sollte:
»Anläßlich eines Sondertreffens des Generalkomitees zur Koordination der Kometenbeobachtungen las Prof. Graham Taylor einen Bericht seines Oxforder Kollegen, Prof. Turner vor, in dem dieser vorschlägt, daß man am 18. Mai, wenn sich die Erde im Schweif des Kometen befindet, etwas von der Luft in Flaschen einfangen sollte, um auch noch seinen Enkeln etwas vom Kometen übergeben zu können. Auf Anweisung des Komitees wurde der Schatzmeister beauftragt, 50 Dutzend Champagnerflaschen für den 18. Mai einzukaufen. Nachdem man diese geleert hatte, wollte man sie mit der Luft von Halley füllen.« (Artikel in der *Chicago Tribune*)

Eine 1679 erschienene, seltene Ausgabe eines Katalogs südlicher Sterne, die Halley auf St. Helena beobachtete, wurde bei einer Versteigerung in Christie's Auktionshaus im Oktober 1979 mit 6500 Pfund Sterling verkauft (Bericht im Londoner *Daily Telegraph*)

Im US-Marine-Observatorium in Washington, D.C., wird zur Zeit ein Teleskop zerlegt, um an einen Ort im Norden der Südinsel Neuseelands geschickt zu werden. Nachdem es dort wieder zusammengebaut worden ist, sollen damit im Frühjahr 1986 Aufnahmen vom Kometenschweif gemacht werden. Allerdings wird die kleine Dunkelkammer, die sich in Washington direkt neben dem Fernrohr befand und die zum Plattenwechsel benutzt wurde, nicht mitgeschickt. Ursprünglich war dies die Kabine des Privataufzuges von Präsident Franklin D. Roosevelt. (Archiv der »Halley's Comet Society«)

Orson Welles moderierte in den USA eine Fernsehsendung, die sich mit den Prophezeiungen des Nostradamus beschäftigte. Als Folge der Wiederkehr des Halleyschen Kometen 1985/86 soll es eine Reihe von Unglücken geben. Die Vorhersagen der Katastrophen und Veränderungen der Weltgeschichte finden sich bei Nostradamus in den Vierzeilern Nr. 43 und 62:

»Zu der Zeit, wenn der Haarstern zu sehen ist,
werden die drei großen Prinzen zu Feinden werden,
vom Himmel getroffen, wird die Erde beben,
auf Arno und Tiber peitschen die Wellen,
und Schlangen werden ans Ufer geworfen.«

»Mabuse wird kommen, und bald danach werden Menschen und Getier sterben,
es wird schreckliche Verwüstungen geben,
ganz plötzlich wird Vergeltung die Menschen treffen,
der Komet bringt Blut, Gewalt, Durst und Hungersnot.«

Über Zuverlässigkeit und Zweideutigkeit vieler Verse des Nostradamus gibt es oft Auseinandersetzungen, aber ohne Zweifel entsprechen seine schrecklichen Warnungen genau dem, was die Menschen in der Vergangenheit immer auf Kometenerscheinungen zurückgeführt haben.

Die möglichen Auswirkungen eines Kometen schildert recht anschaulich der im Jahre 1605 erschienene *Kometenspiegel:*

»Achterlei Unglück insgemein entsteht,
Wenn in der Luft erscheint ein Komet:
1. Viel Fieber, Krankheit, Pest und Tod,
2. Schwere Zeit, Mangel und Hungersnot,
3. Groß Hitz, dürr' Zeit, Unfruchtbarkeit,
4. Krieg, Mord, Raub, Aufruhr, Neid und Streit,
5. Frost, Kälte, Sturmwetter und Wassersnot,
6. Viel hoher Leut Abgang und Tod,
7. Groß Wind, Erdbeben an manchen End,
8. Viel Aenderung des Regiments.«

1910 erinnerten sich die Wärter im Lincoln Park Zoo von Chicago daran, daß 1835, als der Halleysche Komet das letzte Mal erschienen war, eine tödliche Epidemie unter den australischen Känguruhs ausbrach. Um jedes Risiko einer Wiederholung auszuschließen, brachten sie alle jungen Känguruhs aus dem Freigehege nach drinnen. (Jay Maeder, Redakteur des *Miami Herald*)

Zur Zeit wird von der NASA ein astronomisches Labor, *Astro* genannt, für den Transport im Frachtraum des mittlerweile wohlerprobten »Space Shuttle« ausgerüstet. Drei Wissenschaftler wurden für die *Astro*-Mission ausgesucht, die mit drei Teleskopen und zwei Kameras den Kometen während des sieben Tage dauernden Verfolgungsflugs beobachten sollen – während sich zur selben Zeit fünf unbemannte Raumsonden aus der UdSSR, Japan und Europa dem Himmelskörper nähern. (*Spaceflight* Nr. 26, November 1984)

Professor Chandra Wickramasinghe, Leiter der Astronomischen Abteilung des University College of Wales, warnt davor, der Komet könnte aus dem Weltraum »tiefgekühlt« konservierte Grippe-Viren mitbringen. Er erklärte die Verzögerung zwischen dem letzten Erscheinen des Kometen und den Grippe-Epidemien, welche die Welt 1910 und dann 1916–1918 plagten, mit der Zeit, die die Mikroben brauchten, um aus der äußersten Erdatmosphäre herabzusinken.« (*Western Mail*, Cardiff, Januar 1985)

»Fliegender Mönch gesichtet. Mr. Max Woosnam, Ingenieur am Bristol House in Malmesbury, fand als Ergebnis seiner Beschäftigung mit der Geschichte der hiesigen Abtei heraus, daß Elmer, ein sächsischer Mönch, den Kometen zweimal in seinem Leben von 980 bis 1080 sah. William von Malmesbury, Geschichtsschreiber der Abtei, berichtet, daß Elmer (den er ›Eilmer‹ schrieb), als er den Kometen sah, ›wie ein Orakel ausrief: du bist gekommen... Ich habe dich schon einmal gesehen, doch jetzt bist du noch viel schrecklicher, mit deiner Drohung, Vernichtung über dieses Land zu bringen.‹

149

Elmer war berühmt für seine Großtat, Schwingen an seinen Händen und Füßen zu befestigen, um sich damit von der Spitze eines hohen Turms zu stürzen. Von einer mächtigen Brise getragen, flog er 200 m weit, bevor er abstürzte. Er brach sich beide Beine und war von da an lahm.« (*Wiltshire Gazette*, 3. Januar 1985)

Unter der Überschrift *Der Halleysche Komet als Ursprung der Sage vom Kampf der Geister am Himmel nach der Hunnenschlacht* schrieb Prof. Hennig aus Düsseldorf, der den Kometen 1910 sah, in einer deutschen Zeitschrift über die Fortdauer der Legende, daß nach dieser Schlacht die »Raserei der Kämpfer so groß war, daß sogar die Seelen der Gefallenen in der Luft weiterkämpften«.

Die Sage vom Geisterkampf hat nach Prof. Hennig ihren Ursprung in einem Bericht aus dem Jahre 470, der in der Übersetzung aus dem Griechischen folgendermaßen lautet:

»Aber das sonderbarste Ereignis war, wie berichtet wird, das folgende: Nachdem die Krieger gefallen waren und ihre Körper verlassen hatten, erstanden sie in ihren Seelen wieder auf. Sie kämpften drei weitere Tage und Nächte, mit den Lebenden wütend verstrickt. Man konnte die Umrisse der kämpfenden Geister sehen und den Klang ihrer Schwerter hören. Und bis heute werden solche überlieferten Erscheinungen von Schlachten beobachtet.«

Prof. Hennig arbeitete des weiteren heraus, daß die Sonnenannäherung des Kometen im Jahre 451, die mit einer Erscheinung von »gewaltiger Größe« verbunden war, mit dem Datum dieser »weltgeschichtlichen Schlacht« zusammenfiel, und schloß daraus, daß die Legende von den weiterkämpfenden Seelen der Gefallenen nur so erklärt werden könne.

Abschließend sei eine witzige Kometengeschichte zitiert, die im deutschen Sprachraum meist nicht auf den Kometen, sondern die Beobachtung einer Sonnenfinsternis bezogen ist:

Ein Oberst gibt dem Offizier vom Dienst die folgende Anweisung: »Morgen abend gegen 20 Uhr wird Halleys Komet hier zu sehen sein. Dies ist ein Ereignis, das in 75 Jahren nur einmal vorkommt. Die Männer sollen sich auf dem Kasernenhof im Arbeitsanzug aufstellen. Ich werde ihnen dann dies seltene Phänomen erklären. Falls es regnen sollte und wir draußen nichts sehen können, sollen sich die Männer im Kino versammeln, und ich werde Filme über dieses Phänomen zeigen.«

Der Offizier vom Dienst zum Kompaniechef: »Auf Anordnung vom Oberst wird morgen um 20 Uhr Halleys Komet über dem Kasernengelände erscheinen. Falls es regnet, treten die Männer im Arbeitsanzug an und marschieren ins Kino, wo dann dieses seltene Phänomen stattfindet, etwas, das nur alle 75 Jahre einmal vorkommt.«

Der Kompaniechef zum Leutnant: »Auf Anordnung vom Oberst wird morgen um 20 Uhr der phänomenale Komet Halley im Arbeitsanzug im Kino erscheinen. Falls es im Kasernenbereich regnet, wird der Oberst sich anders entscheiden, etwas, das nur einmal in 75 Jahren vorkommt.«

Der Leutnant zum Feldwebel: »Morgen um 20 Uhr wird der Oberst im Arbeitsanzug im Kino mit dem Kometen Halley erscheinen, etwas, was alle 75 Jahre passiert. Wenn es regnet, befiehlt der Oberst den Kometen zum Kasernenhof.«

Feldwebel zur Truppe: »Wenn es morgen um 20 Uhr regnet, wird der phänomenale 75 Jahre alte General Halley in Begleitung des Oberst im Arbeitsanzug seinen Kometen über den Kasernenhof fahren.«

Kometen in Literatur und Geschichte

Kometen fanden seit alters bei Schriftstellern, Historikern und Denkern große Beachtung. Seit frühesten Zeiten bis zur Renaissance wurden Kometen fast immer mit einem Gottesurteil oder einer Katastrophe in Verbindung gebracht, besonders mit dem Tod eines Herrschers. Wenngleich es keinen Hinweis auf einen derartigen Zusammenhang gibt, so blieb bis zu Halleys Zeiten und auch noch später immer wieder der Glaube verbreitet, den William Shakespeare in die Worte gekleidet hat: »Kometen sieht man nicht, wann Bettler sterben: sterben aber Prinzen, erstrahlen die Himmel davon.«

Interessanterweise gebraucht Shakespeare auch eine Kometenerscheinung, um im ersten Teil des Schauspiels *König Heinrich VI.* nach dem Tod Heinrichs V. eine – und das ist das Entscheidende – positive Schicksalsänderung herbeizuführen. Entgegen der damals üblichen Auffassung, einen Kometen als Unglücksboten anzusehen, hat ihm Shakespeare die Rolle eines Glücksbringers zugeschrieben.

Anfang des 18. Jahrhunderts hatten sich Newton und Halley der Erforschung der Kometen so weit gewidmet, daß sie zeigen konnten, daß Schweifsterne keine wunderbaren, geisterhaften Erscheinungen waren, die aus dem Nichts auftauchten, sondern daß sie als Himmelskörper zum Sonnensystem gehören wie Erde, Mond und Planeten. Diese wissenschaftliche Erkenntnis erreichte schließlich auch den Mann auf der Straße; man brachte Kometen fortan nicht mehr unbedingt mit Unglück und Unheil in Verbindung. Die Schriftsteller sahen sich nun aufgefordert, nach anderen Aspekten für ihre Bilder und Symbole zu suchen.

Im folgenden sollen einige Beispiele dafür gegeben werden, wie das Kometenmotiv literarisch aufgegriffen und gedeutet wurde – von der Bibel bis zu Karl Kraus.

Die Bibel enthält im ersten Buch der Chronik (21.16) möglicherweise einen Hinweis auf einen Kometen. Diese Vermutung wird dadurch gestützt, daß der jüdische Geschichtsschreiber Josephus Halleys Kometen des Jahres 66 n. Chr. in ganz ähnlicher Weise als Schwert beschreibt, das über Jerusalem »hing«. Der Schweif kann einen Kometen tatsächlich wie einen riesigen Krummsäbel am Himmel erscheinen lassen. Das Bibelzitat lautet:

>»Und David hob seine Augen auf und sah den Engel des Herrn stehen zwischen Himmel und Erde und ein bloßes Schwert in seiner Hand ausgestreckt über Jerusalem.«

Vergil (70–19 v. Chr.), römischer Dichter, der die *Aeneis*, das größte lateinische Epos, und die *Georgica*, ein landwirtschaftliches Lehrgedicht, schrieb. In der *Aeneis* beschreibt Vergil den Helm des Aeneas, des Helden dieses Epos, in einer Weise, die an Homers Schilderung des Helms des Achilles in der *Ilias* erinnert:

>»Hoch auf dem Haupt des Aeneas erglühte die Spitze des Helms.
>Feuer versprühte weit der goldene Buckel des Schildes.
>So, in heiterer Nacht, erglühen zu Zeiten Kometen
>Düster-blutigen Scheins...«

Kometen von blutroter Farbe sind an sich nicht bekannt; möglicherweise kann jedoch der Einfluß der Erdatmosphäre das Licht eines Kometen verändern.

An anderer Stelle, in der *Georgica*, gibt Vergil die Stimmung zur Zeit des Todes von Julius Caesar wieder. Nicht wenige Menschen glaubten damals, der Komet des Jahres 44 v. Chr. (nicht der Halleysche Komet) sei die verstorbene Seele Caesars gewesen, die gen Himmel aufgeflogen sei:

>»... Nicht hörten in selbigen Tagen auf

In der Tiere Gedärm sich drohende Fasern zu zeigen,
Hörte das Blut nicht auf, aus Brunnen zu quellen, der Wölfe
Heulen zur Nachtzeit nicht,
Hochragende Städte zu schrecken,
Häufiger fiel niemals der Blitz aus heiterem Himmel.
Häufiger nimmer erschien das Licht des grausen
Kometen.«

Seneca d.J. (3 v.Chr.–65 n.Chr.), römischer Philosoph und
Schriftsteller, starb ein Jahr vor der Wiederkehr des Halleyschen
Kometen. Die beiden folgenden Auszüge sind den *Questiones Na-*
turales entnommen. Der erste belegt, daß Seneca Kometen für
wirkliche Himmelskörper hielt, die sich im Weltraum bewegen,
und nicht für Erscheinungen der äußeren Erdatmosphäre, wie
Aristoteles (384–322 v. Chr.) annahm. Mit dem »zum Gott erho-
benen Julius« ist Julius Caesar gemeint:

»Warum sollte man nicht annehmen, daß der Komet, der
während der Herrschaft des Claudius erschien, derselbe
war wie der, den wir sahen, als Augustus an der Macht war?
Und warum sollte man nicht glauben, daß der Komet, der
zur Zeit von Neros Regentschaft auftauchte, demjenigen
ähnelte, der am Abend des Tages der Feiern zu Ehren der
Venus Genetrix sichtbar wurde, nachdem der zum Gott er-
hobene Julius gestorben war.«

Interessanterweise zog Seneca sogar schon die Möglichkeit wie-
derkehrender Kometen in Betracht, mehr als 1600 Jahre bevor
Halley mit Erfolg die Wiederkehr des Kometen von 1682 im Jahre 1758 vorhersagte. Wie vorausschauend Seneca war, zeigt eine
andere Textstelle. Dort heißt es:

»Die Zeit wird kommen, wo Fleiß und Beharrlichkeit das
ans Licht bringen, was uns jetzt verborgen ist, eine Zeit, wo
unsere Nachkommen sich wundern werden, daß wir so einfache Dinge nicht wußten. Einst wird es Menschen geben,
welche die Bahnen der Kometen, ihre Größe und Beschaf-
fenheit entdecken und erkennen werden.«

Manilius (um Chr. Geburt), römischer Dichter unter den Kaisern Augustus und Tiberius, verfaßte ein in fünf Büchern niedergelegtes astronomisches Lehrgedicht, die *Astronomica*. Darin heißt es über Kometen:

>»Oder es schuf die Natur zugleich mit den anderen Sternen,
>Die vom Gewölbe herab uns schimmern mit ewigem Licht;
>Aber es ziehet mit mächtiger Glut sie Helios zu sich,
>Der in den eigenen Strahlen sie bald einsenket, und bald sie
>Wieder entblößt gleichwie Merkurius oder die Venus.«

Manilius hat bereits richtig festgestellt, daß die (hellen) Kometen in der Nachbarschaft der Sonne stehen und damit – wie Merkur und Venus – abends nach Sonnenaufgang und morgens vor Aufgang der Sonne zu sehen sind.

Plinius d. Ä. (23–79 n. Chr.), römischer Offizier und Schriftsteller, ist der Autor einer Naturkunde (*Naturalis Historia*), über die Halley 1691 eine Abhandlung verfaßte. Plinius geht im folgenden Auszug auf die Etymologie des Wortes »Komet« ein, das im Griechischen »langhaarig« bedeutet – gewonnen aus der Anschauung des dahinziehenden, langen Kometenschweifes:

>»Am Himmel selbst entstehen nämlich plötzlich Sterne, und zwar gibt es mehrere Arten. Die Griechen nennen solche Kometen, wir Haarsterne, die durch ihren blutroten Schweif ein schreckliches Aussehen haben und wie mit struppigem Haupthaar umgeben sind. Dieselben nennen Bartsterne solche, bei denen am unteren Teile eine Mähne gleich einem langen Barte herabhängt.«

Lukan (39–65 n. Chr.), römischer Schriftsteller, der in *Pharsalia (Der Bürgerkrieg)* vom Kampf zwischen Julius Caesar und Pompejus berichtet. Lukan wurde – wie Seneca – 65 n. Chr., ein Jahr vor der Wiederkehr des Halleyschen Kometen, gezwungen, sich das Leben zu nehmen, da auch er an der Pisonischen Verschwörung gegen Kaiser Nero beteiligt war. Im folgenden beschreibt er die bösen Omen vor Caesars Marsch auf Rom:

»Drohend häuften die Götter Vorzeichen in Ländern, Luft und Meer. Finstere Nächte sahen Sterne wie noch nie: das Firmament erglühte unter Flammen, als Meteore droben quer den Raum durchflogen, und ein Komet verhieß mit schrecklichem Sternenschweif Herrenwechsel auf Erden.«

Tacitus (um 55–nach 115 n. Chr.), römischer Geschichtsschreiber, behandelt in den *Annalen* die Epoche zwischen dem Tode von Kaiser Augustus im Jahre 14 und dem Tode Neros 68 n. Chr. Tacitus berichtet, auf welch grausame Weise sich Nero der unheilvollen Kometenerscheinungen zu erwehren versuchte:

»Ende des Jahres sprach man allgemein von einigen Wunderzeichen, die kommendes Unheil vorausdeuteten. Nie waren Blitzschläge so häufig gewesen, und ein Komet erschien am Himmel, wofür Nero als Sühneopfer immer das Blut eines hervorragenden Mannes zu vergießen pflegte.«

Im folgenden beschreibt Tacitus die mächtige Wirkung von Kometen auf das römische Volk:

»Währenddessen flammte ein Komet auf, der im Volke für ein Vorzeichen kommenden Herrenwechsels gehalten wurde. Daraufhin begann man allgemein, Vermutungen anzustellen, wer als nächster die Macht ergreifen würde – ganz so, als sei Nero bereits entthront.«

Angelsächsische Chronik. Diese Chronik wurde von englischen Mönchen bis zur Mitte des 12. Jahrhundert geführt. Der folgende Auszug bezieht sich auf die berühmte Wiederkehr des Halleyschen Kometen 1066, im Jahr der Schlacht von Hastings, in der König Harold von Wilhelm, dem Herzog der Normandie, besiegt wurde. Es wird berichtet, daß Harold den Kometen als Verkünder von Unheil verstand, während Wilhelm in ihm ein glückliches Vorzeichen sah (Halleys Komet wurde später auf dem Wandteppich von Bayeux verewigt, wo er allerdings eher wie ein Federball aussieht):

157

»In diesem Jahr zog König Harold zur Osterzeit von York nach Westminster, das war nach der Wintersonnenwende, als der König [Edward] starb. Zu dieser Zeit wurde über ganz England ein Wunderzeichen am Firmament gesichtet, wie keiner es je zuvor sah. Man sagt, dies sei der Stern Cometa gewesen, der auch der Haarstern genannt wird, und er erschien am Vorabend der großen Bittprozession, am achten Tag der Kalenden des Mai, und er strahlte sieben Nächte lang.«

Martin Luther (1483–1546), deutscher Reformator, war 48 Jahre alt, als der Halleysche Komet 1531 wiederkehrte. Besonders interessant sind die menschlichen Eigenschaften, die Luther dem Kometen zuschreibt:

»Ein Comet ist auch ein Stern, der da läuft und nicht haftet, wie ein Planet, aber er ist ein Hurenkind unter den Planeten. Ist ein stolzer Stern, nimmet den ganzen Himmel ein; thut, als wäre er allein da; hat ein Natur und Art, wie die Ketzer, welche wollens auch allein sein und für andern stolziren, meinen, sie seien allein die Leute, die es verstehen.«

William Shakespeare (1564–1616) konnte Halleys Kometen 1607 sehen. Er ist der Verfasser der berühmten »Kometen-Sentenz«; sie wird von Calpurnia in *Julius Caesar* gesprochen:

»Kometen sieht man nicht, wann Bettler sterben:
Sterben aber Prinzen, erstrahlen die Himmel davon.«

In »*König Heinrich VI.*« (Teil I) benutzt Shakespeare die Kometenmetapher positiv, um nach dem Tod Heinrichs V. eine Wendung zum Besseren zu beschwören:

»Beflort den Himmel, weiche Tag der Nacht!
Kometen, Zeit und Staatenwechsel kündend,
Schwingt die kristallnen Zöpf' am Firmament,
Und geißelt die empörten, bösen Sterne,
Die eingestimmt zu König Heinrichs Tod...«

Joseph Addison (1672–1719), englischer Essayist und (zusammen mit Richard Steele) Herausgeber der moralischen Wochenschrift *The Spectator*, vergleicht den Kometen mit der politischen Lage; die »große Aufregung«, von der Addison spricht, wurde durch den Spanischen Erbfolgekrieg ausgelöst:

»Der letzte Komet, der sich 1680 zeigte, nahm Isaac Newtons Berechnungen zufolge bei seiner Annäherung an die Sonne so viel Wärme auf, daß er zweitausend Mal heißer als rot glühendes Eisen gewesen wäre, vorausgesetzt, er wäre eine Kugel aus diesem Metall gewesen. Und wenn man ihn sich so groß wie die Erde vorstellt und in derselben Entfernung von der Sonne, würde er fünfzigtausend Jahre lang abkühlen müssen, bis er seine ursprüngliche Temperatur wiedererlangt hätte. Gleichermaßen kann sich ein englischer Zeitgenosse, der die große Aufregung betrachtet, in der sich unsere politische Welt gegenwärtig befindet und wie sehr sie überall erhitzt ist, kaum vorstellen, daß sie sich in weniger als dreihundert Jahren wieder abkühlen wird.« (*The Spectator*, 26. Juni 1711)

Ein Flugblatt zum Erscheinen eines der größten und glänzendsten Kometen aller Zeiten 1680 vermeldet, daß dieser einen nahezu beispiellosen Schrecken über die europäische Menschheit gebracht haben soll:

»Schau die Wunder-Fackel-Kertze!
Sünden-sichres Menschen-Hertze!
Ach, bedenke, ach, erkenne
Wie sie an dem Himmel brenne,
Und um deiner Boßheit wegen,
Dir zur Straffe eil entgegen.
Setzet doch mit Buß zusammen,
Löschet diese Zoren-Flammen,
Daß, o Teutsche Landes-Erde,
Gottes Grimm gemildert werde,
Der uns drauet mit Cometen;
Buß und Betens ist von Nöten.«

Friedrich Schiller(1759–1805) beschäftigt sich im *Wallenstein* mit dem astrologischen Aberglauben der Menschen. In der bekannten »Kapuziner-Predigt« heißt es:

»Es ist eine Zeit der Tränen und Not,
Am Himmel geschehen Zeichen und Wunder,
Und aus den Wolken, blutigrot,
Hängt der Herrgott den Kriegsmantel runter.
Den Kometen steckt er, wie eine Rute,
Drohend am Himmelsfenster aus,
Die ganze Welt ist ein Klagehaus.«

In der Tat war zu Beginn des Dreißigjährigen Krieges 1618 ein beachtlicher Komet zu sehen. Er habe, so berichten zeitgenössische Quellen, auch die Pest ausgelöst.

Heinrich Zschokke (1771–1848), Schriftsteller, Pfarrer und Beamter im Dienst der helvetischen Regierung, beschreibt in seiner Autobiographie (*Eine Selbstschau*) eine Kometenerscheinung wie folgt:

»Die deutlichste unter den ersten Erinnerungen stammt aus der Zeit, da ich ein Alter von vier Jahren hatte, und der Komet von 1774 viele gute Bürger meiner Geburtsstadt Magdeburg in Schrecken setzte. Man sprach in frommer Angst von der am Himmel ausgestreckten Zornrute Gottes...«

Samuel Pepys (1633–1703) ist berühmt für sein Tagebuch, das er 1660 zu schreiben begann. Die ersten drei Zitate beziehen sich auf den Kometen des Jahres 1664:

»*17. Dezember 1664:* Mächtiges Gerede gibt es über diesen Kometen, den man nachts sieht, und anscheinend blieben der König und die Königin vorige Nacht auf, um ihn zu sehen. Und heute nacht wollte ich es auch tun, aber es ist bewölkt, und so sind keine Sterne zu sehen. Aber ich will es doch versuchen.«

»*21. Dezember 1664:* Lord Sandwich schreibt mir heute, daß

er (in Portsmouth) den Kometen gesehen hat, und er sagt, dieser sei das merkwürdigste Ding, das er je gesehen habe.«

»*24. Dezember 1664:* Ich sah den Kometen; ob er nun erschöpft ist oder nicht, weiß ich nicht, aber er erscheint ohne Schweif, dennoch ist er größer und diffuser als jeder andere Stern. Er stieg beizeiten empor, beschrieb einen großen Bogen und steht jetzt an einem völlig anderen Platz am Himmel als zuvor: aber ich hoffe, daß in einer klareren Nacht etwas mehr zu sehen sein wird.«

Das vierte Zitat aus Pepys' Tagebuch zeigt, daß Robert Hooke, Mitglied der »Royal Society«, 1665 die Möglichkeit eines zur Sonne zurückkehrenden Kometen ernsthaft in Erwägung gezogen haben muß. Das ist besonders bemerkenswert, weil Halley 1680 von Paris aus an Hooke geschrieben und Cassinis Theorie erwähnt hatte, der letzte Komet könnte derselbe gewesen sein, der 1665 und 1577 erschienen war. Er hatte hinzugefügt:»Ich weiß, Ihr werdet Euch nur schwerlich seiner Auffassung anschließen können...« Das läßt vermuten, daß Halley nichts von Hookes früheren Gedanken zu diesem Thema wußte, oder aber, daß Hooke zwischen 1665 und 1680 seine Ansicht radikal änderte:

»*1. März 1665:* Mittags zum Essen ins Trinity House, und von dort zum Gresham College, wo zuerst Mr. Hooke eine zweite sehr scharfsinnige Vorlesung über den letzten Kometen hielt, worin er unter anderem sehr glaubwürdig bewies, daß dies derselbe Komet ist, der zuvor im Jahre 1618 erschienen und wahrscheinlich im gleichen Zeitabstand wieder erscheinen wird, eine ganz neue Theorie; aber es wird alles im Druck erscheinen.«

Alfred Lord Tennyson (1809–1892), englischer Dichter, war 26 Jahre alt, als Halleys Komet 1835 wiederkehrte. Die folgenden Verse aus *Lady of Shalott* erinnern an Vergils Beschreibung des Helms des Aeneas. Tennyson hat offenbar »Meteor« und »Komet« verwechselt; ein Meteor ist ja eine Sternschnuppe – ein jäher

161

Blitz am Nachthimmel. Hingegen ist der »Meteor« bei Tennyson »bärtig«, und das Verb »vorbeischweben« läßt die Vorstellung einer langsamen Bewegung entstehen – Tennyson meinte offensichtlich einen Kometen:

»Die Satteldecke, bunten Scheins,
Erglomm im Schimmer des Gesteins,
Und Helm und Helmbusch floß in eins
Im grellen Licht des Sonnenscheins,
    Als er ritt gen Camelot –
Wie oftmals durch die Purpurnacht
Von sternumglänzter Himmelswacht
Ein Meteor in stolzer Pracht
Vorbeigeschwebt ist an Shalott.«

Die beiden folgenden Zitate stammen aus *Harold,* Tennysons Drama über König Harold, der 1066 in der Schlacht von Hastings fiel. Das Stück schildert zu Beginn das Entsetzen der englischen Adligen und Bauern über den Anblick des großen Kometen am Himmel:

»Es funkelt am Himmel, es flackert im Wasser.
Die Menschen, wie Bienen so dumm,
Sie schwirren herum – und können nicht sprechen –
in heiliger Scheu…«

Später wird Erzbischof Stigand nach seiner Deutung des Kometen gefragt; entsetzt antwortet er:

»Ich nicht! Ich kann Euch nicht die Himmel deuten.
Vielleicht wächst uns ein großer Wein im nächsten Jahr.«

Die Vorstellung, daß Kometen die Weinreife beeinflussen, war im frühen 19. Jahrhundert weit verbreitet, nachdem der große Komet des Jahres 1811 für die vorzügliche Weinernte in Portugal verantwortlich gemacht worden war. Noch Jahre später wurde vom »Kometenwein« von 1811 gesprochen. Diese Vorstellung gründete auf die unbewiesene Theorie, der Komet habe das heiße Klima zum Gedeihen des Weines mit sich gebracht.

In der darauffolgenden Szene nähert sich Stigand König Harold und deutet auf den Kometen. In Harolds Replik nennt Tennyson Kometen wieder irrtümlich »Meteore«:

Stigand: »Krieg, mein Sohn? Ist England nun verloren?«
Harold: »Dann wär die ganze Welt verlor'n.
Denn wie in England sieht man sie in aller Welt.
Meteore kamen schon vor unserer Zeit
Und brachten keinen Schaden: sie drohen uns
Sowenig wie Normannen und Franzosen.
Krieg? Das größte Übel, das auf Dinge folgt,
Die aus dem Gleis der Welt zu springen scheinen,
Ist uns der Narr, der das, was er am Himmel sieht,
Eilfertig auf der Menschheit Lauf bezieht.«

Jacob van Hoddis (1887–1942) gehört zu den expressionistischen deutschen Dichtern. Lange Zeit wurde sein berühmtestes Gedicht *Weltende* als satirisch-groteske Schilderung des Untergangs der bürgerlichen Welt gelesen. Mittlerweile hat sich herausgestellt, daß van Hoddis durch den Halleyschen Kometen zu seinem Gedicht angeregt wurde. Er verspottet die apokalyptischen Visionen, die den Weltuntergang beim Durchgang des Kometen zwischen Erde und Sonne am 18./19. Mai 1910 prophezeiten:

»Dem Bürger fliegt vom spitzen Kopf der Hut.
In allen Lüften hallt es wie Geschrei.
Dachdecker stürzen ab und gehn entzwei
Und an den Küsten – liest man – steigt die Flut.

Der Sturm ist da, die wilden Meere hupfen
An Land, um dicke Dämme zu zerdrücken.
Die meisten Menschen haben einen Schnupfen.
Die Eisenbahnen fallen von den Brücken.«

Karl Kraus (1874–1936), österreichischer Schriftsteller, Sprach-, Gesellschafts- und Kulturkritiker, Herausgeber der *Fackel* von 1899 bis 1936, ließ sich Halleys Kometen von 1910

163

nicht entgehen, konnte er doch in den hysterischen Erwartungen und spießbürgerlichen Reaktionen des Wiener Publikums seinen Hauptgegenstand, die Dummheit, exemplarisch geißeln:

>»Und wenn die Erde erst ahnte, wie sich der Komet vor der Berührung mit ihr fürchtet.«

Aus einer längeren Glosse vom 31. Mai 1910 – betitelt *Der Komet in Wien* – sollen abschließend einige Passagen zitiert werden; Kraus schreibt unter anderem:

>»Der Wiener und die Unendlichkeit – das unwahrscheinliche Schauspiel wäre glücklich überstanden. Wenn der Komet gefährlich ist, so ist er es nicht so sehr vermöge der ihm innewohnenden Blausäure als wegen der nicht auszudenkenden Möglichkeit, daß sich bei seiner Annäherung jeder Trottel kosmisch gestimmt fühlt. Es ist nicht so weit gekommen. Nur eine fürchterliche Spielart kosmischer Denkfähigkeit wurde uns beschert: jene, die vor dem Untergang die Tröstungen der Wissenschaft empfängt. Der aufgeklärte Großstädter, dem nichts passieren kann, weil die ›Neue Freie Presse‹ es mit der Sternwarte hält und die Vorsehung sich hüten wird, es mit der ›Neuen Freien Presse‹ zu verderben...
>
>Ach, die knierutschende Angst, die in früheren Jahrhunderten das Ende der Welt erwartete, war schlechter informiert, aber besser beraten als die Zuversicht, die das ›Morgenblatt‹ erwartet. Dieses erdensichere Gesindel wird eines Tages fürchterlich aufsitzen, wenn es den Kometen anulkt und inzwischen die Dummheit ihr Zerstörungswerk an der Welt vollendet hat.«

Bedeutende Astronomen

Apollonios von Perge (etwa 262–190 v. Chr.), griechischer Mathematiker und Astronom, lieferte bedeutende Beiträge zur Geometrie und gab der Ellipse, Parabel und Hyperbel ihre Namen. Als Halley den Savilian-Lehrstuhl erhielt, übersetzte er Apollonios' berühmtes Werk *Konika* und gab es vervollständigt heraus. Vermutlich hat Apollonius bereits vor Ptolemäus die Epizykeltheorie eingeführt, um die scheinbaren Schleifen der Planetenbahnen unter Voraussetzung einer ruhenden Erde zu erklären.

Aristarchos von Samos (etwa 310–230 v. Chr.), griechischer Astronom, zeigte, daß die Sonne größer als die Erde ist, und folgerte daraus, daß die viel kleinere Erde die riesige Sonne umläuft und nicht umgekehrt. Bis zum späten Mittelalter herrschte jedoch unter dem mächtigen Einfluß des griechischen Philosophen Aristoteles das geozentrische Weltbild vor. Erst Nikolaus Kopernikus konnte die in Vergessenheit geratene Auffassung des Aristarchos bestätigen.

Aristoteles (etwa 384–322 v. Chr.), griechischer Philosoph, dessen Gedanken bis ins späte Mittelalter entscheidenden Einfluß auf Wissenschaft und Philosophie hatten. In seinem Buch *Meteorologica* schrieb Aristoteles auch über Kometen. Er dachte, Kometen seien keine Himmelskörper, die ihre Bahnen zwischen den Planeten ziehen, sondern blitzähnliche Erscheinungen in der oberen Erdatmosphäre, die seiner Meinung nach trocken und heiß war und plötzlich Feuer fangen könnte. Erst Tycho Brahe konnte anhand des Kometen von 1577 zeigen, daß Aristoteles unrecht hatte und Kometen jenseits der Erdatmosphäre existieren.

Brahe, Tycho (1546–1601), dänischer Astronom, der kurz vor der Erfindung des Fernrohrs äußerst genaue Planetenbeobachtungen anstellte, die Johannes Kepler den Weg zu seinen drei Gesetzen der Planetenbewegung bahnten.

Brahe sorgte in der astronomischen Welt für Aufregung, als er anhand seiner Beobachtungen zeigte, daß die Supernova von 1572 in der Region der Fixsterne lag. Dies war um so verblüffender, als man die Fixsterne für unveränderlich ansah. Außerdem wies Brahe nach, daß sich der Komet von 1577 jenseits der Erdatmosphäre zwischen den Planeten bewegte. Dies war in Fachkreisen eine große Sensation, denn es bedeutete gleichzeitig, daß der Komet die festen Kristallsphären durchstoßen mußte, an denen man sich die Planeten angeheftet dachte. Mit dieser Entdeckung begann der Glaube Brahes an die Kristallsphären, die von den alten Griechen eingeführt worden waren, zu schwinden. An das heliozentrische Weltbild des Kopernikus wollte Brahe jedoch auch nicht so recht glauben. Er nahm an, daß die Sonne um die ruhende Erde kreist, die Planeten sich aber nicht um die Erde, sondern um die Sonne bewegen.

Auf der Sund-Insel Hven zwischen Schweden und Dänemark ließ ihm König Frederik II. eine Sternwarte errichten, die »Uranienburg«. Hier erhielt er die bis dahin genauesten astronomischen Beobachtungen ohne Fernrohr. Nach dem Tode Frederiks II. 1588 zeigte man am dänischen Hof nur mehr geringes Interesse für Brahes Arbeiten. Als ihm dann die königlichen Zuschüsse gestrichen wurden, entschloß er sich, Dänemark zu verlassen, und erhielt schließlich (1599) einen Ruf Kaiser Rudolphs II. nach Prag. Hier setzte er bis zu seinem Tode 1601 seine Arbeit fort, zuletzt gemeinsam mit dem jungen Johannes Kepler, dem er seinen wissenschaftlichen Nachlaß überließ. Für Halley war es eine große Ehrung, von Flamsteed als »Tycho des Südens« bezeichnet zu werden, nachdem er auf der Insel St. Helena einen Sternenkatalog des Südhimmels angefertigt hatte.

Bruno, Giordano (1548–1600), italienischer Naturphilosoph und Dominikanermönch, der 1600 wegen seiner gegen die aristotelische Naturlehre und die christliche Kosmologie gerichtete Lehre von der Unendlichkeit der Welt von der katholischen Kirche auf dem Scheiterhaufen als Ketzer verbrannt wurde. Bruno war einer der ersten, der sich offen zum Kopernikanischen Weltbild bekannte. Er war ein standhafter Gegner aller Arten von Dogmatismus und vertrat die Ansicht, daß jede Weltanschauung notwendigerweise von Zeit und Raum abhänge, also niemals die absolute Wahrheit darstellen könne.

Wenngleich Bruno nicht unmittelbar wegen seiner Sympathie mit dem Kopernikanischen Weltbild verbrannt wurde, so zeugt sein Tod doch von der damaligen menschenfeindlichen Gesinnung der Katholischen Kirche, insbesondere gegenüber wissenschaftlichen Theorien, die ihre falsch verstandene Autorität zu untergraben drohten.

Cassini, Giovanni Dominico (1625–1712), französischer Astronom italienischer Herkunft; von König Ludwig XIV. 1668 an die Pariser Akademie der Wissenschaften berufen, wurde Cassini 1669 zum ersten Direktor der neuen (1672 vollendeten) Sternwarte ernannt, wo ihm die größten Luftfernrohre seiner Zeit zur Verfügung standen. Zwei Jahre später wurde er französischer Staatsbürger. Als Halley 1680 seine große Reise durch Europa unternahm, genoß er auch die Gastfreundschaft Cassinis in Paris. Cassini glaubte, der Komet von 1680, den Halley und er gemeinsam beobachtet hatten, sei möglicherweise schon früher einmal erschienen. Diesen Gedanken behielt Halley im Hinterkopf, als er die Bahn »seines« Kometen berechnete und dessen Wiederkunft für das Jahr 1758 voraussagte.

Nach dem Tode Cassinis wurde dessen Sohn Direktor der Pariser Sternwarte. Diesem folgten dann Enkel und Urenkel nach, so daß bis 1793 die Leitung der Sternwarte in den Händen der Familie Cassini lag. Darüber hinaus entdeckte Cassini im Saturnring eine Teilung, die noch heute seinen Namen trägt (die sog. Cassinische Teilung).

Flamsteed, John (1646–1719), englischer Astronom, der im März 1674 von König Karl II. zum ersten »Königlichen Astronom« (Astronomer Royal) ernannt wurde. Zwei Jahre später zog er in die gerade errichtete Königliche Sternwarte in Greenwich ein. Seine Instrumente mußte Flamsteed selber kaufen, sein bescheidenes Gehalt besserte er durch Privatunterricht auf.

Flamsteed war ein griesgrämiger, launischer Mann, der an seiner schlechten Gesundheit litt. Etwa 30 Jahre lang blieb er mit Halley verfeindet, weil er ihn wegen seines astronomischen Talents und seines gesellschaftlichen Erfolgs beneidete. Ironischerweise war es Halley, der von der »Royal Society« beauftragt wurde, Flamsteeds Sternenkatalog durchzusehen und zu vervollständigen (wozu sich der Autor selber geweigert hatte). Flamsteed gelang es später, fast sämliche Kopien des überarbeiteten Sternenkatalogs, den er als »Fälschung« seines Werkes ansah, zu vernichten. Statt dessen nahm er sich vor, seinen Sternenkatalog selber herauszugeben. In ihm sind fast 3000 Sterne verzeichnet. Er wurde postum als *Historia Coelestis Britannica* veröffentlicht und ersetzte sofort nach seinem Erscheinen den Atlas von Tycho Brahe, den er an Umfang und Genauigkeit weit übertrifft.

Galilei, Galileo (1564–1642), italienischer Mathematiker und Naturforscher, auf allen Gebieten der Naturforschung äußerst beschlagen. 1609 begann Galilei, angeregt durch ein holländisches »Vergrößerungsinstrument«, das erste Fernrohr zu bauen. Damit machte er für seine Zeit verblüffende Entdeckungen: Er sah erstmals die Myriaden von Sternen in der Milchstraße, die vier großen Monde des Jupiters und die kraterzerklüftete Mondoberfläche. Ferner beobachtete er Sonnenflecken und die Phasengestalt der Venus. Vor allem seine Beobachtungen des Mondes waren für Galilei ein Argument für die Richtigkeit des Kopernikanischen Weltbildes.

1616 wurde die kopernikanische Theorie von der katholischen Kirche verboten. Zugleich wurde Galilei gewarnt, diese vermeintliche Irrlehre weiterhin zu unterstützen oder zu lehren. Dessen ungeachtet veröffentlichte er 1632 seinen berühmten

Dialog über die beiden Weltsysteme, in dem er für das kopernikanische System Partei ergriff. Diese Haltung führte schließlich zu einem Prozeß vor der Inquisition, in dessen Verlauf Galilei 1633 das kopernikanische System widerrief, um dem Schicksal eines Ketzers zu entgehen. Das restliche Leben verbrachte Galilei in der unmittelbaren Nähe von Florenz, wo er praktisch unter Hausarrest wohnte. Obwohl er durch sein hohes Alter und eine damit verbundene Blindheit behindert war, schrieb er ein Buch über die Physik, das nach Holland geschmuggelt wurde, wo es 1638 veröffentlicht wurde.

Galilei starb 1642, dem Geburtsjahr Isaac Newtons. Er hatte den Weg bereitet, den Himmel mit Hilfe eines Fernrohrs zu erforschen, und die Grundlagen für die moderne experimentelle Physik gelegt.

Hevelius, Johannes (1611–1687), deutscher Astronom in Danzig, wurde vor allem durch seine Mondkarten berühmt, die 1647 in seinem Werk *Selenographia* erschienen. Ferner fertigte Hevelius einen umfangreichen Sternenkatalog mit 1564 eingetragenen Sternen an, der erst drei Jahre nach seinem Tode gedruckt wurde.

Hevelius errichtete in Danzig eine Sternwarte, die 1679, als Halley ihn besuchte, die größte in ganz Europa (wenn nicht gar der Welt) war. Hevelius baute seine Instrumente selber, darunter auch riesige Teleskope mit einer Länge bis zu 50 Metern. Nach 1673 entstand zwischen Hevelius und Robert Hooke ein Streit über die Teleskopvisiere bei den Beobachtungsinstrumenten. Hevelius bevorzugte offene Visiervorrichtungen, da er annahm, Fernrohrvisiere seien für optische Effekte anfällig. Wenngleich die Vergrößerung, die mit Fernrohrvisieren verbunden ist, im Grunde genommen für teleskopische Visiervorrichtungen spricht, waren sie damals aber noch nicht so weit ausgereift, als daß sie für Hevelius brauchbar zu sein schienen. So blieb er bei seinen offenen Visiervorrichtungen, und in der Tat konnte Halley bestätigen, daß Hevelius damit hervorragende Ergebnisse erhielt. 1679 brannte Hevelius' Danziger Sternwarte ab, doch hatte er den Mut und den Willen, sie mit der Unterstützung wohlgesonnener Geldgeber neu aufzubauen.

Hooke, Robert (1635–1703), englischer Physiker, war ein äußerst begabter Wissenschaftler und ein Pionier auf dem Gebiet der Mikroskopie. Er untersuchte unter anderem Schneeflocken, Korkrinde und Fossilien. Außerdem war Hooke ein sehr guter Mechaniker und erfand zusammen mit Christian Huygens die Federunruh in Taschenuhren. Er verbesserte ferner astronomische Instrumente und baute das erste Gregory-Spiegelteleskop (benannt nach dem schottischen Mathematiker James Gregory, 1638–1675). Die größte Aufmerksamkeit erntete Hooke durch seine Untersuchungen zur Elastizität von Stoffen. Das »Hookesche Gesetz« kennt fast jeder Schüler. 1663 wurde Hooke Mitglied der »Royal Society« und 1677–1683 ihr Schriftführer.

Hooke war in seiner Jugend kränklich; als Erwachsener scheint er kleinlich, neidisch und streitsüchtig gewesen zu sein. Er war in zahlreiche Auseinandersetzungen mit seinen Zeitgenossen verwickelt, insbesondere mit Hevelius, aber auch mit Newton, als er im Vorwort zu Newtons *Principia* lobend erwähnt werden wollte. Halley mußte in beiden Fällen mit viel diplomatischem Geschick den Streit schlichten. Weil er sich mit Hooke anfreundete, fiel er bei Flamsteed in Ungnade, da jeder Freund Hookes von Flamsteed als Feind angesehen wurde.

Kepler, Johannes (1571–1630), deutscher Astronom und Mathematiker, wurde vor allem durch seine drei Gesetze zur Planetenbewegung bekannt (die sog. Keplerschen Gesetze).

Kepler besuchte zunächst die strengen Klosterschulen von Adelsberg und Maulbronn, bevor er 1589 in das protestantisch-lutherische Stift in Tübingen eintrat. Er beschäftigte sich zunächst mit theologischen Fragen, widmete sich dann aber vorwiegend der Astronomie und Mathematik. 1594 wurde er Lehrer für Mathematik an der Stiftsschule in Graz. 1600 siedelte er – von der Gegenreformation bedrängt – nach Prag über und wurde Mitarbeiter Tycho Brahes. Mit Hilfe des von Brahe sorgfältig gewonnenen Beobachtungsmaterials konnte Kepler nach dessen Tod seine drei Gesetze zur Planetenbewegung aufstellen.

Kepler entdeckte, daß der Planet Mars nicht auf einer perfekten Kreisbahn mit gleichförmiger Geschwindigkeit, sondern auf einer Ellipsenbahn die Sonne umläuft. Diese Entdeckung ging weit über das Kopernikanische Weltbild hinaus. Während Kopernikus noch an den idealen Kreisbahnen festhielt (übernommen von den alten Griechen) und deswegen mit seiner Theorie die Bewegung der Planeten nicht vollständig erklären konnte, ließen sich nun mit Hilfe der Ellipsenbahnen die Planetenörter exakt voraus- und zurückberechnen. Kepler zeigte in seinem dritten Gesetz ferner, daß die große Halbachse der Ellipsenbahn mit der Umlaufzeit eines Planeten um die Sonne in einer festen Beziehung steht. Und zwar ist der Kubus der großen Halbachse der Planetenbahnen proportional zum Quadrat der Umlaufzeit der Planeten.

Kepler versuchte auch die Perihel- und Aphelgeschwindigkeiten der Planeten (genauer: die beobachteten Winkelgeschwindigkeiten) in »harmonische« Zahlenverhältnisse zu überführen. Er konnte sie sogar auf einem rechnerischen Wege auf die Stufen der Dur- und Moll-Tonleiter zurückführen. Die genauen Einzelheiten dazu findet man in seinem berühmten Werk *Harmonices Mundi* (Weltharmonik), in dem Kepler zum ersten Mal sein drittes Planetengesetz veröffentlichte.

Kopernikus, Nikolaus (1473–1543), deutsch-polnischer Astronom und Domherr in Frauenburg, der das Ptolemäische Weltbild, dem zufolge sich Sonne, Mond und Planeten um die Erde bewegten, revolutionierte. Nach dem Kopernikanischen Weltbild befindet sich die Sonne im Mittelpunkt des Universums; diese heliozentrische Weltsicht wurde in der Tat schon 2000 Jahre früher von Aristarchos erwähnt, dessen Ideen Kopernikus kannte. Da ihn das komplizierte Ptolemäische System, das mit Deferent und Epizykel die Bewegung der Planeten zu erklären versuchte, nicht zufriedenstellte, war er bemüht, das althergebrachte Weltbild zu überprüfen.

Kopernikus ging von der Prämisse aus, daß die Erde die Sonne umläuft und nicht umgekehrt. Durch die neuen Berechnungen sollte auch die Mathematik zur Feststellung der Planetenbewegung einfacher werden als zuvor. Als sein Hauptwerk *De Revolutionibus Orbis Coelestium (Über die Kreisbewegungen der Himmelskörper)* 1543 kurz vor seinem Tod erschien, wurde in einem Vorwort eigens darauf hingewiesen, daß es sich bei dem Inhalt bloß um eine bequeme mathematische Hypothese handele und die Erde in Wirklichkeit nicht die Sonne umlaufe. Das Vorwort hatte der deutsche Geistliche Osiander geschrieben, dem sicherlich bewußt war, daß allzu radikale Ideen eher schädlich als nützlich sein konnten, selbst wenn sie stimmen. Mit Sicherheit war Kopernikus selber von seiner Theorie überzeugt. Sein Werk ist nicht nur Grenzstein zwischen der klassischen und mittelalterlichen astronomischen Tradition und der modernen Astronomie, sondern veränderte auch radikal das Weltbild der Menschen. Die Erde befindet sich nicht mehr länger in der Mitte des Universums, sondern kreist als ein ganz gewöhnlicher Planet um die Sonne.

Newton, Sir Isaac (1643–1727), englischer Naturforscher, Mathematiker und Astronom. Sein berühmtestes Werk ist die *Philosophiae Naturalis Principia Mathematica,* kurz *Principia* genannt, eines der wichtigsten wissenschaftlichen Bücher, die jemals geschrieben wurden.
Newton wurde 1643 in Woolsthorpe bei Grantham (Lincolnshire) geboren. Während der Pest 1665/66 kehrte er aus Cambridge in sein Vaterhaus zurück. Dort entwickelte er die Differential- und Integralrechnung, formulierte erstmals sein allgemeines Gravitationsgesetz und untersuchte die Natur des weißen Lichtes. Seine Versuche mit Licht zeigten, daß die verschiedenen Farben, die sich zeigen, wenn man Licht durch ein Prisma schickt, das Ergebnis einer Trennung durch Brechung sind und nicht, wie man bis dahin annahm, mit der Glasdicke zusammenhängen. Zwar hatte Newton bereits 1666 die Grundlagen seiner Theorie der allgemeinen Gravitation entwickelt, doch wurde er erst 18 Jahre später

dazu angeregt, diese zu sammeln und zu Papier zu bringen. Der Anstoß dazu kam von Halley, als er Newton in Cambridge besuchte, um bei ihm Rat zu holen. Halley wollte nämlich wissen, welcher Art die Anziehung ist, die von der Sonne auf einen Planeten ausgeübt wird. Newton erkannte sofort das Problem und konnte Halley wenige Tage nach dessen Besuch den gewünschten Beweis zusenden. Bei diesem Besuch war Halley deutlich geworden, daß Newton viele wissenschaftliche Ideen im Kopf und auch äußerst wichtiges Material im Schreibtisch hatte. Er sagte sich, daß dies alles veröffentlicht werden mußte. Auf Betreiben Halleys begann Newton die *Principia* zu schreiben. Nach 18 Monaten war er fertig.

Obwohl Newton nach einem Streit mit Hooke angedroht hatte, den dritten Teil seines Werkes zu verbieten, wurden die *Principia* 1687 veröffentlicht. Darin stellt Newton zum ersten Mal seine Bewegungsgesetze vor (die sog. Newtonschen Bewegungsgesetze). Er vertritt die Vorstellung von der absoluten Zeit und dem absoluten Raum, stellt sein allgemeines Gravitationsgesetz vor und wendet seine theoretische Arbeit unter anderem auf die Gezeiten, auf Kometen und auf die Planetenbewegung an. Halley sorgte nicht nur dafür, daß Newton das Buch schrieb, sondern er finanzierte auch das Projekt und sah die Fahnen durch. Sein Beitrag zu den *Principia* ist von unschätzbarem Wert.

Newton hatte aber auch weniger bekannte Interessen. Zum Beispiel vertiefte er sich in die seltsame, geheimnisvolle Welt der Alchimie und schrieb über die Geheime Offenbarung.

Bis zu seinem Tode 1727 war Newton Präsident der »Royal Society«. Seine optischen Untersuchungen, sein Bau eines für die damalige Zeit neuartigen Spiegelfernrohrs, die Entwicklung der Differential- und Integralrechnung, seine Bewegungsgesetze und sein Gravitationsgesetz waren für die Entwicklung der Wissenschaft richtungsweisend.

Ptolemäus, Claudius (etwa 100–160 n. Chr.), alexandrinischer Astronom, Mathematiker und Geograph. In seinem berühmtesten Werk, dem *Almagest*, trug Ptolemäus die griechische Astronomie der Antike zusammen. Sein Weltbild blieb 1300 Jahre in Europa maßgebend. Ptolemäus schrieb auch ein Buch über die Astrologie mit dem Titel *Tetrabilos (Viererbuch)*, in dem er die besonderen Bedeutungen und Einflüsse der Sternenkonstellationen auf die Erde (und besonders den Menschen) darstellte, sowie ein geographisches Werk, *Geographike hyphegesis (Einführung in die Geographie)*, in dem er die geographischen Längen und Breiten von etwa 8000 Orten der Erde angibt.

Royal Society ist die übliche Abkürzung für »The Royal Society of London for improving natural knowledge« (Die Königliche Gesellschaft von London zur Vermehrung der Naturkenntnis). Der Kern der »Royal Society« bildete sich schon 1645, Sitzungen fanden aber erst ab 1660 statt. 1662 erhielt sie von König Karl II. ihre erste Satzung. Sie ist heute die älteste und bedeutendste wissenschaftliche Akademie in Großbritannien. Viele hervorragende ausländische Wissenschaftler zählten und zählen noch zu ihren Mitgliedern. Zu Halleys Zeiten war z.B. der deutsche Astronom Hevelius Mitglied der »Royal Society«.
Anfangs hatte die Gesellschaft infolge mangelnden Kapitals finanzielle Schwierigkeiten, die sich aber legten, als Sir Isaac Newton ihr Präsident war (1703–1727). Der Geldmangel drohte auch die Veröffentlichung von Newtons *Principia* zu verzögern, doch sprang Halley ein und finanzierte das Projekt aus seiner eigenen Tasche. Zu den ersten Mitgliedern der »Royal Society« gehörten der Chemiker Robert Boyle, der Schriftsteller John Evelyn und der Architekt Christopher Wren.

Savile, Sir Henry (1549–1622), englischer Gelehrter, der den Savilian-Lehrstuhl für Astronomie und Geometrie in Oxford begründete. Er war einer der bedeutendsten Gelehrten der elisabethanischen Zeit und arbeitete an einer englischen Bibelübersetzung, die 1611 erschien.

Wallis, John (1616–1703), englischer Mathematiker, der 1640 zum Priester geweiht wurde. Während des englischen Bürgerkriegs arbeitete er für die Puritaner, indem er Briefe gefangener Royalisten entschlüsselte. Wallis war ein hervorragender Mathematiker und lehrte in Oxford, als Halley dort studierte. Als Wallis starb, war der Savilian-Lehrstuhl neu zu besetzen. Halley bewarb sich zum zweiten Mal um die Professur und erhielt den Ruf. In seiner Antrittsvorlesung sparte er nicht mit Lobesworten für seinen Vorgänger Wallis.

Wren, Sir Christopher (1632–1723), englischer Architekt, der vor allem durch den Bau der neuen St. Pauls-Kathedrale bekannt wurde (die alte war beim Großen Feuer Londons 1666 abgebrannt). Wren war zudem ein beachtenswerter Wissenschaftler und bedeutendes Mitglied der »Royal Society«. 1657–1661 war er Professor für Astronomie am Graham College und anschließend Savilian-Professor für Astronomie in Oxford.

38/39 Viele Karikaturisten nahmen die
Furcht der Menschen vor dem Halleyschen
Kometen 1910 aufs Korn, allen voran die
Zeichner der humoristischen Münchner
Zeitschrift »Fliegende Blätter«, aus der die
beiden hier abgedruckten Illustrationen
stammen

40 Welche Kapriolen die Begeisterung mancher Kometenforscher schlug, macht diese Zeichnung von Georges Plasse deutlich, der den französischen Astronomen Jean Muscart bei einer gefährlichen Beobachtung am 17. Mai 1910 zeigt

41 Um mögliche Veränderungen der Atmosphäre durch den Kometen messen und diesen besser beobachten zu können, stiegen zahlreiche Astronomen im Mai 1910 mit Fesselballons auf, wie es Henry Lanos auf seiner Zeichnung für *The Graphic* festgehalten hat (oben rechts)

42 Die Zeichnung von Leonard Raven-Hill, 1910 in *Punch* veröffentlicht, verbindet den Mythos des seit zwei Jahrtausenden regelmäßig wiederkehrenden Halleyschen Kometen mit den neuen Flugobjekten, deren sichere Wiederkehr nach einem Aufstieg noch alles andere als gewiß war

43 Arnold Moreaux hat die Furcht vieler Zeitgenossen, der Aufprall des Kometen auf die Erde könne eine riesige Flutwelle auslösen, die ganze Dörfer und Städte unter sich begräbt, 1910 eindrucksvoll gestaltet; der Rat des Malers lautet:»Wenn du den Kometen fürchtest, ziehe dich auf einen hohen Berg zurück«

44 Nicht weniger als den Untergang der Welt sagten verschiedene Karikaturisten für den 19. Mai 1910 voraus, wobei sie vor allem die Geschäftemacherei mit dem Kometen kritisierten, wie diese deutsche Postkarte zeigt; solche und ähnliche Karten waren 1910 beinahe in ganz Europa verbreitet

45 Eine stimmungsvolle Darstellung des Halleyschen Kometen über Paris, gemalt von Evelyn Paul

46 Der Komet diente auch als willkommener Anlaß für Vergnügungen verschiedenster Art, wie sie diese Zeichnung aus *Le Rire* vom Mai 1910 zusammenstellt (rechts)

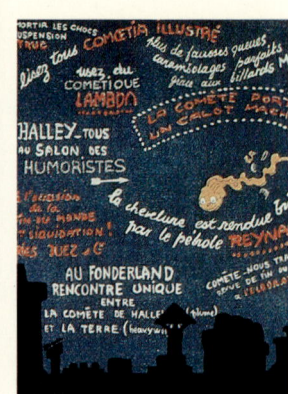

47 »Der Komet kommt!« Kometenbegeisterung und -furcht auf einer deutschen Postkarte des Jahres 1910 (oben)

48 Eine genaue Darstellung seiner Kometenbeobachtung im Königlichen Observatorium zu Greenwich gab Charles Wyllie in der Ausgabe von *The Sphere* vom 4. Juni 1910 (oben rechts)

49 Der Komet bestimmt die Zeitungen, wie diese Zeichnung von Sidney Riesenberg mit dem Zeitungsverkäufer und dem öffentlichen Fernrohr zeigen will (rechts)

50/51 Drei Karikaturen aus dem *Simplicissimus* vom 4. April 1910, einer Spezialnummer zum Thema »Der Komet kommt!«

52 Diese eindrucksvolle Darstellung des Halleyschen Kometen war eines der Motive, mit denen 1928 auf einer Kartenserie für Zigaretten geworben wurde

53/54 Illustrationen zu Will Lisenbees Geschichte *»In the Comet's Track«* (Auf der Bahn des Kometen), die im Mai 1910 im *Chicago Ledger* abgedruckt wurde

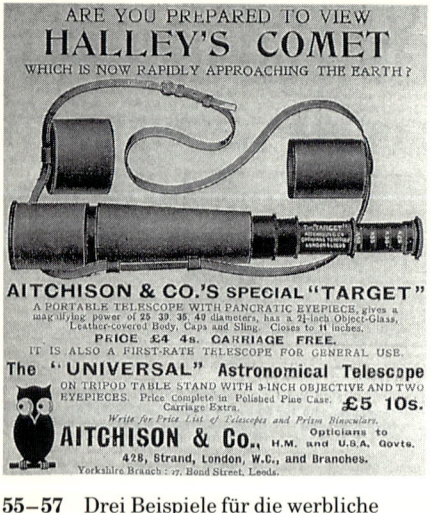

55–57 Drei Beispiele für die werbliche
Nutzung des Halleyschen Kometen für
Lampen, Fernrohre und Füllfederhalter

Illustrirte Zeitung
Der Komet
1910

Moet & Chandon
"White Star"

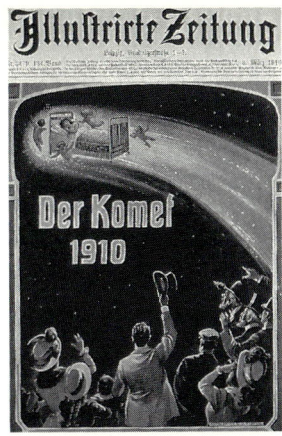

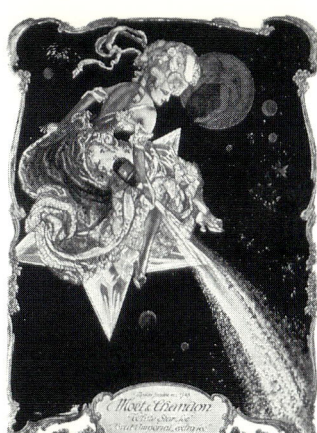

58–60 Auch in Deutschland suchten Firmen jeglicher Art von der allgemeinen Kometenbegeisterung zu profitieren, indem sie ihre Produkte in einen Zusammenhang mit der Himmelserscheinung stellten

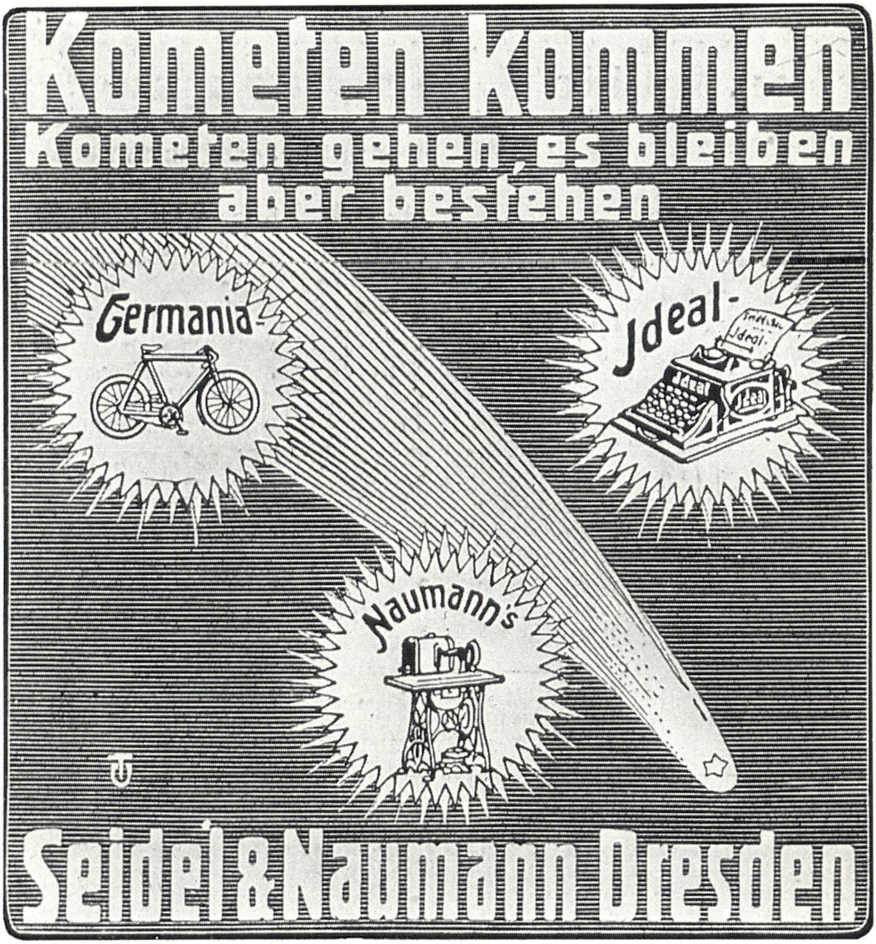
Kometen kommen
Kometen gehen, es bleiben
aber bestehen
Germania-
Ideal-
Naumann's
Seidel & Naumann Dresden

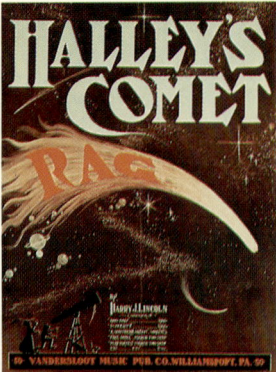

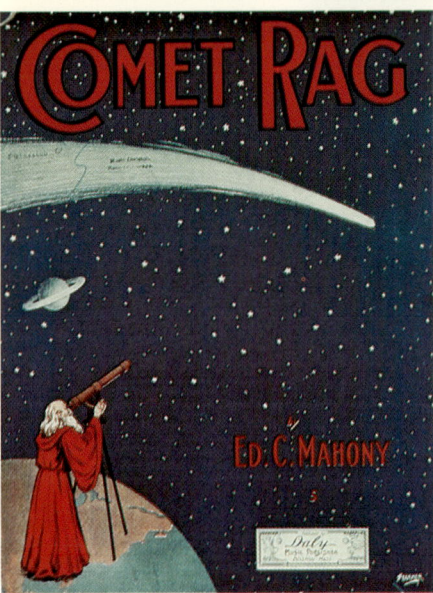

61–64 Mindestens 17 Märsche, Two-Steps, Rags oder Gavotten wurden eigens zur Wiederkehr des Halleyschen Kometen komponiert und meist mit stimmungsvollen Titelblättern veröffentlicht, wie die vier ausgewählten Beispiele belegen

Lexikon wichtiger astronomischer Begriffe

Aphel, der sonnenfernste Punkt auf der elliptischen Bahn eines Himmelskörpers im Sonnensystem (→ Perihel).

Äquinoktium, die Tagundnachtgleiche, die eintritt, wenn die Sonne auf ihrer scheinbaren Wanderung entlang der Ekliptik zweimal im Jahr den Himmelsäquator kreuzt. Am 21. März (Frühjahrsäquinoktium) und am 23. September (Herbstäquinoktium) sind überall auf der Erde Tag und Nacht gleich lang.

Asteroid, Planetoid oder Kleinplanet, der meist zwischen Mars und Jupiter die Sonne umläuft. Insgesamt hat man 5000 Kleinplaneten aufgefunden, ihre Gesamtzahl wird auf 100 000 geschätzt. Dazu gehören Gesteinsbrocken von 1000 km bis 1 km Durchmesser. Bei den heutigen Kleinplaneten handelt es sich zum Teil um Bruchstücke größerer Himmelskörper, die in der Frühzeit des Sonnensystems zwischen Mars und Jupiter die Sonne umliefen, dabei gelegentlich miteinander kollidierten und in viele kleine Körper zerbrachen.

Astrologie, Sternglaube, war im Altertum ein fester Bestandteil der Astronomie und lag in den Händen der Astronomen, die oft zugleich auch Priester oder Seher waren. Sie versuchten – zunächst nur für die Herrscher – aus dem Lauf der Gestirne Voraussagen und Rückschlüsse auf das irdische Geschehen zu ziehen. So ließ beispielsweise im 1. Jahrhundert n. Chr. der römische Kaiser Nero auf Anraten des Astrologen Balbillus zahlreiche Adlige umbringen, um sich vor den prophezeiten Katastrophen, die ein Komet mit sich bringen sollte, zu schützen.

Seit langem ist die Astrologie als Scheinwissenschaft entlarvt, aber in zähem Aberglauben halten auch heute noch viele Menschen daran fest, daß die Sterne und Planeten Einfluß auf ihr Schicksal haben.

Astronomie (griechisch: Sternenkunde), umfassende Bezeichnung für alle Naturwissenschaften, die sich mit der Erforschung des Universums befassen. Bereits die Babylonier gaben den wichtigsten Sternbildern um 2750 v. Chr. Namen, und die Pythagoräer lehrten im 6. Jahrhundert v. Chr., daß die Erde eine Kugel ist. Ihren Höhepunkt erlangte die klassische griechische Astronomie mit Ptolemäus, dessen geozentrische Weltsicht bis ins Mittelalter Gültigkeit behielt.

Astronomische Einheit (Abkürzung: A. E.), die große Halbachse der Erdbahnellipse (mittlere Entfernung der Erde zur Sonne), rund 150 000 000 Kilometer. Die Astronomische Einheit gilt in der Astronomie als Längeneinheit im Sonnensystem.

Äther, ein hypothetischer, durchsichtiger Stoff, der nach Meinung der Wissenschaftler insbesondere des 19. Jahrhunderts den gesamten Raum ausfüllt. Seit den Experimenten zur Lichtgeschwindigkeit gilt diese Theorie als überholt.

Atmosphäre, Gashülle, welche die Erde und andere Himmelskörper umgibt.

Bahn, normalerweise die elliptische Bahn, die ein Komet, Planet oder ein Himmelskörper im Schwerefeld der Sonne oder eines anderen Himmelskörpers (z. B. der Mond im Schwerefeld der Erde) beschreibt. Der Halleysche Komet braucht für einen vollständigen Bahnumlauf 75 bis 79 Jahre; der Zeitunterschied von vier Jahren kommt durch Gravitationsstörungen zustande, die von Jupiter und den anderen Riesenplaneten ausgehen.

Bedeckung, Bezeichnung für einen Vorgang, bei dem ein Himmelskörper einen anderen bedeckt und dessen Licht absorbiert. Eine Bedeckung tritt beispielsweise bei einer Sonnenfinsternis, einer Sternbedeckung durch den Mond oder einen Planeten sowie bei Bedeckungsveränderlichen auf.

Deferent → Epizykel.

Deklination, der nördliche oder südliche Winkelabstand eines Himmelsobjektes vom Himmelsäquator. Die Deklination am Himmel entspricht der geographischen Breite auf der Erde.

Durchgang. Zieht ein Himmelskörper – von der Erde aus gesehen – vor der hellen Sonnenscheibe vorbei, so spricht man von einem Durchgang. Im Prinzip kommen dafür nur zwei Planeten in Frage: Merkur und Venus. Halley schlug seinerzeit vor, die Entfernung zwischen Sonne und Erde mit Hilfe eines Merkur- oder Venusdurchgangs zu bestimmen.

Ekliptik, die an die Himmelskugel projizierte Erdbahnebene. Von der Erde aus betrachtet bewegt sich die Sonne im Laufe eines Jahres scheinbar auf der Ekliptik.

Ellipse, eine geschlossene Kurve, die wie ein länglich verzogener Kreis aussieht. Eine Ellipse besitzt auf ihrer Hauptachse zwei Brennpunkte, die symmetrisch zum Mittelpunkt der Ellipse liegen. Je näher die beiden Brennpunkte zusammenliegen, um so kreisförmiger wird die Ellipse.

Die meisten Kometen umlaufen die Sonne auf stark elliptischen Bahnen, weswegen sie oft lange Umlaufzeiten haben. Auch werden sie auf ihrer langen Reise, die meist an den großen Riesenplaneten Jupiter und Saturn vorbeiführt, infolge von Gravitationswechselwirkungen von ihrer ursprünglichen Bahn abgelenkt oder eingefangen. Häufig zerfallen Kometen in viele kleine Fragmente, die sich im Laufe der Zeit entlang ihrer Bahnen verteilen. Kreuzt die Erde im Laufe eines Jahres die Kometenbahn, treten die vielen kleinen Partikel als → Meteore in die Erdatmosphäre ein.

Daß sich die Planeten auf Ellipsenbahnen um die Sonne bewegen, wurde Anfang des 17. Jahrhunderts von Johannes Kepler entdeckt. Zugleich ging damit die antike Vorstellung von den idealen Kreisbahnen verloren (→ auch Hyperbel und Parabel).

Epizykeltheorie, in der antiken und mittelalterlichen Astronomie verbreitete Auffassung, derzufolge sich ein Planet auf einem Epizykelkreis bewegt, dessen Mittelpunkt sich seinerseits auf einem größeren Kreis, dem sog. Deferenten, befindet. Der Deferent hatte die Erde als Mittelpunkt. Mit diesem komplizierten System konnte man die Schleifenbewegungen der Planeten zumindest mathematisch nachvollziehen, bis schließlich Kepler zeigte, daß die wirkliche Bahnbewegung elliptisch ist.

Erde, der dritte Planet von der Sonne aus, zwischen Venus und Mars. Als einziger Planet im Sonnensystem beherbergt die Erde zahlreiche Lebensformen, besitzt einen natürlichen Mond – den Erdmond, der in einer mittleren Entfernung von 384000 km in knapp einem Monat einmal um die Erde läuft. Bis Ende des 16. Jahrhunderts glaubte man allgemein, daß die Erde der Mittelpunkt des Universums sei und sich nicht nur der Mond, sondern auch Sonne und Planeten um die Erde bewegen.

European Space Agency (ESA), 1975 gegründete Raumfahrtbehörde von elf europäischen Staaten, die gemeinsame nichtmilitärische Raumfahrtprojekte planen und die Anwendung neuer Weltraumtechnologien fördern soll. Unter anderem startete die ESA am 2. Juli 1985 die Raumsonde Giotto zum Halleyschen Kometen, die im März 1986 durch die Koma des Kometen fliegen und vor Ort Messungen durchführen soll. Aus der Analyse des Kometenmaterials hofft man auch Rückschlüsse auf den Frühzustand des Sonnensystems ziehen zu können.

Exzentrizität, eine Maßzahl, die angibt, um wieviel eine elliptische Bahn von einer Kreisbahn abweicht. Je elliptischer die Bahn ist, um so größer ist die Exzentrizität. Die meisten Kometen haben stark exzentrische Bahnen, die Planetenbahnen sind dagegen fast alle ziemlich kreisförmig.

Feuerkugel, ein großer, auffallend leuchtender Meteor, der oft einen hellen Schweif hervorruft, der am Himmel für mehrere Sekunden zu sehen ist. Eine Feuerkugel, auch Bolid genannt, erreicht oder übertrifft sogar die Helligkeit des Vollmondes.

Fixsternsphäre, eine imaginäre Kugel, an die man sich die Sterne angeheftet dachte. Im Ptolemäischen Weltbild drehte sich die Fixsternsphäre langsam um die Erde. 1718 beobachtete Halley bei zahlreichen Fixsternen, daß sich ihre Positionen gegenüber den Stellungen, die im Altertum angegeben worden waren, deutlich verschoben hatten, sie also eine Eigenbewegung vollzogen haben mußten.

Fliegende Sandbank, Begriff, den der britische Astronom R. A. Lyttleton vorgeschlagen hat, um den Aufbau eines Kometen zu beschreiben. Dem Modell zufolge gibt es keinen qualitativen Unterschied zwischen dem Kern und der Koma eines Kometen. Beide sind aus winzigen, voneinander unabhängigen Teilchen zusammengesetzt, wobei die Dichte zum Zentrum des Kometen hin zunimmt, so daß der falsche Eindruck entsteht, der Komet besitze einen festen Kern, der sich in seiner Zusammensetzung qualitativ von der Koma unterscheidet. Das Modell der »Fliegenden Sandbank« findet bei den Fachleuten allerdings weniger Anklang als die Theorie des →»Schmutzigen Schneeballs« von F. L. Whipple.

Fluoreszenz, das »Eigenleuchten« von Atomen, Molekülen oder Ionen, die Licht bei einer bestimmten Wellenlänge absorbieren und bei einer längeren Wellenlänge wieder emittieren.

Galaxien sind die Heimat von Milliarden von Sternen, Gasnebeln, interstellarer Materie etc. Man teilt die Galaxien in drei Hauptklassen: in elliptische, spiralförmige und irreguläre Systeme. Die spiralförmigen Systeme sind nochmals in normale und balkenförmige Spiralen untergliedert. Die Spiralgalaxie, zu der unser Sonnensystem gehört, enthält mehr als 100 Milliarden Sterne, wovon einer unsere Sonne ist. Nachts ist unsere Heimatgalaxie als das wohlbekannte Band der Milchstraße zu sehen. Von außen betrachtet erscheint diese wie eine Diskusscheibe mit einer Spiralstruktur. Unsere Sonne ist etwa 30000 Lichtjahre von ihrem Zentrum entfernt: Der gesamte Längsdurchmesser der Milchstraße beträgt mehr als 100000 Lichtjahre.

Gegenschein, ein schwacher, etwa 10° großer Lichtschein, der nur bei allerbesten Sichtbedingungen auf der der Sonne entgegengesetzten Seite des Himmels gesehen werden kann. Der Gegenschein ist ein Teil des Zodiakallichtes, das entsteht, weil der interplanetare Staub jenseits der Erdbahn das Sonnenlicht zurückstreut.

Gegenschweif, Projektionseffekt einer kometaren Staubschicht, wenn die Erde die Bahnebene eines Kometen kreuzt. Manchmal weist der Gegenschweif genau in Richtung Sonne.

Geozentrisches System, Weltsystem, dem zufolge die Erde im Mittelpunkt des Weltalls steht und Sonne, Mond und Planeten die Erde umlaufen. Das geozentrische Weltbild wurde von Aristoteles und Ptolemäus aufgestellt und erst durch das heliozentrische Weltbild des Kopernikus abgelöst.

Großkreis, Kreis auf einer Kugeloberfläche, dessen Ebene durch den Mittelpunkt der Kugel geht. Auf der Erde sind die Meridiane und der Äquator Großkreise, nicht dagegen die geographischen Breitengrade. An der Himmelskugel ist unter anderem der Himmelsäquator ein Großkreis.

Halbschatten, die äußere, halbdunkle Schattenzone bei einer Sonnen- oder Mondfinsternis. In dieser Zone erscheint die Sonne vom Mond nur teilweise bedeckt. Im Halbschatten des Mondes entsteht eine partielle oder ringförmige Sonnenfinsternis, im Halbschatten der Erde kommt es zu einer Halbschattenfinsternis des Mondes.

Heliozentrisches System, Weltsystem, dem zufolge die Sonne, um die Erde, Mond und Planeten kreisen, im Mittelpunkt des Weltalls steht. Das heliozentrische Weltbild wurde von Nikolaus Kopernikus eingeführt.

Himmelsäquator, die Projektion des Erdäquators an das Himmelsgewölbe.

Himmelskörper wie Stern, Planet, Mond, Komet oder Kleinplanet, der zum Bereich des Himmels gehört.

Hyperbel, eine offene Kurve, die zwar einer Parabel gleicht, bei der sich die beiden Parabelzweige aber nicht im Unendlichen treffen, sondern auseinanderlaufen. Umläuft ein Komet auf einer Hyperbelbahn die Sonne, wird er das Sonnensystem verlassen und nie mehr zurückkehren.

Interstellare Materie, winzige Staubteilchen und relativ dünnes Gas zwischen den Sternen einer Galaxie.

Ion, ein Atom oder Molekül mit einer zusätzlichen positiven oder negativen Ladung, so daß es insgesamt nicht mehr neutral ist, sondern elektrische Eigenschaften besitzt.

Ionenschweif, auch Gas- oder Plasmaschweif genannt, der sich aus Muttermolekülen bildet, die aus dem Kometenkern stammen und durch das Sonnenlicht ionisiert und von dem Magnetfeld, das der Sonnenwind mit sich führt, mitgerissen werden. Der Schweif wird durch das Fluoreszenzleuchten der Ionen sichtbar.

Jovianische Planeten, Bezeichnung für die Riesenplaneten Jupiter, Saturn, Uranus und Neptun.

Jupiter, der fünfte Planet von der Sonne aus; er umläuft unser Zentralgestirn auf einer zwölfjährigen Bahn zwischen Mars und Saturn und ist der größte und massereichste Planet im Sonnensystem. In seinem Volumen hätten 1319 Erdkugeln Platz. Ein »Markenzeichen« auf seiner Oberfläche ist der berühmte »Große Rote Fleck«, bei dem es sich vermutlich um einen gewaltigen Wirbelsturm handelt, der nun schon 300 Jahre (oder länger) anhält. Nach einer früheren, heute nicht mehr akzeptierten Theorie sollte dieser Fleck ein riesiger Vulkan sein, der neue Kometen in den interplanetaren Raum spuckt. Wegen seines kräftigen Schwerefeldes kann Jupiter leicht die Bahnen der Kometen, die ihm nahe kommen, beeinflussen.

Keplersche Gesetze, drei Anfang des 17. Jahrhunderts von Johannes Kepler aufgestellte Gesetze zur Planetenbewegung:
1. Ein Planet umläuft die Sonne auf einer elliptischen Bahn, wobei sich die Sonne in einem der beiden Brennpunkte der Ellipse befindet.
2. Der Fahrstrahl (Radiusvektor) zwischen Sonne und Planet überstreicht in gleichen Zeiten gleiche Flächen. Je näher demnach ein Planet der Sonne kommt, um so schneller bewegt er sich auf seiner Bahn.
3. Das Quadrat der Bahnumlaufzeit eines Planeten ist direkt proportional dem Kubus der großen Halbachse der Bahnellipse.
Im Zusammenhang mit diesem dritten Gesetz suchte Halley bei Newton in Cambridge Rat. Der Besuch führte dazu, daß Halley Newton anregte, seine fundamentalen Überlegungen und Gedanken zu sammeln und niederzuschreiben.

Koma, die Atmosphäre, die den relativ kleinen Kometenkern umgibt. Die Koma besteht aus Gas, Atomen, Molekülen sowie Staub und entsteht bei der Annäherung eines Kometen an die Sonne; sie besitzt in der Regel einen Durchmesser von 50000 bis 150000 Kilometer oder mehr. Von der Koma strömen infolge des Sonnenwindes und solaren Strahlungsdruckes Gase und Staubteilchen in den äußeren Kometenschweif.

Kopf, der Kern und die Koma eines Kometen werden zusammen als Kometenkopf bezeichnet.

Korona, äußerster Teil der Sonnenatmosphäre, den man mit dem bloßen Auge nur bei einer totalen Sonnenfinsternis sehen kann. Die Korona leuchtet dann als heller, strahlenförmiger Saum um die vom Mond verdunkelte Sonnenscheibe auf. Die nächste totale Sonnenfinsternis in Mitteleuropa kann (bevorzugt in Süddeutschland) am 11. August 1999 beobachtet werden.

Kosmologie beschäftigt sich mit der Entstehung und Entwicklung des Weltalls als Ganzes.

Kurzperiodisch. Kometen mit einer Umlaufzeit von weniger als 200 Jahren bezeichnet man als kurzperiodische. Somit ist auch der Halleysche Komet ein kurzperiodischer.

Langperiodisch. Langperiodische Kometen haben eine Umlaufzeit von mehr als 200 Jahren.

Lichtjahr, Maß einer Längenangabe im Universum. Es entspricht der Strecke, die das Licht im Laufe eines Jahres im Vakuum zurücklegt: knapp zehn Billionen Kilometer, eine unvorstellbar große, wahrhaft »astronomische« Zahl.

Lunation, der Zeitraum, den der Mond benötigt, um alle seine Phasen einmal zu durchlaufen. Dieser Zeitraum ist gleich einem synodischen Monat und etwa 29½ Tage lang.

Mars, der vierte Planet von der Sonne aus. In 687 Tagen umläuft er zwischen der Erd- und Jupiterbahn einmal die Sonne. Mars weist wie die Erde Jahreszeiten auf, die allerdings fast doppelt solange dauern. Außerdem besitzt er zwei kleine Monde, Phobos und Deimos (»Furcht« und »Schrecken«).

Meridian, die Mittagslinie; auf der Erdoberfläche ist der Meridian ein Großkreis, der durch Nord- und Südpol verläuft und den Erdäquator rechtwinklig schneidet. Der Himmelsmeridian ist die Projektion des örtlichen Erdmeridians an die Himmelssphäre.

Merkur, der sonnennächste Planet, dessen kraterübersäte Oberfläche der des Mondes ähnelt. Für einen vollständigen Bahnumlauf benötigt Merkur rund 88 Tage. Während eines Merkurdurchgangs, den Halley auf St. Helena beobachtete, wurde der Astronom dazu angeregt, darüber nachzudenken, wie man mit Hilfe einer solchen Naturerscheinung die Entfernung zur Sonne bestimmen kann, die sog. Astronomische Einheit.

Meteor, Leuchterscheinungen, die beim Eindringen winziger Teilchen, zum Beispiel Bruchstücken eines Kometen, in die Erdatmosphäre auftreten (Sternschnuppen). Die mittlere geozentrische Geschwindigkeit der Teilchen liegt bei etwa 50 km/sec. Größere Objekte, die in der Erdatmosphäre nicht vollständig verglühen, sondern bis zur Erdoberfläche durchdringen, nennt man Meteorite.

Meteorit, fester Gesteins- oder Eisenbrocken, der aus dem Weltraum auf die Erde stürzt (→ auch Meteor).

Meteoroid, neuere Bezeichnung für einen Körper im interplanetaren Raum, der beim Eindringen in die Erdatmosphäre zu einem Meteor oder Meteorit werden kann.

Meteorschauer, eine Anzahl von Meteoren, die innerhalb eines kurzen Zeitraums aus einer bestimmten Himmelsgegend (einem bestimmten Sternbild) in die Erdatmosphäre einzudringen scheinen. Man glaubt, daß es sich bei Meteorschauern um die Bruchstücke und Trümmer eines Kometen handelt, die sich längs der Kometenbahn verteilt haben. Beispielsweise lassen sich die Mai-Aquariden Anfang bis Mitte Mai und die Orioniden Mitte bis Ende Oktober auf den Halleyschen Kometen zurückführen.

Milchstraße, Name für die Galaxis, in der wir leben. In einer klaren, mondlosen Nacht kann man die Milchstraße, vor allem im Sommer auf der Nordhalbkugel, als schwach schimmerndes Band am Himmel sehen. Dieses helle Band ist in Wirklichkeit das Licht von Millionen und Abermillionen Sternen, die wir mit dem bloßen Auge nicht mehr auflösen können und die alle zur Milchstraße gehören. Wir befinden uns mit unserem Sonnensystem fast am Rande der Milchstraße, rund 30 000 Lichtjahre vom galaktischen Zentrum entfernt. Weil wir in den europäischen Sommermonaten nachts in Richtung des Milchstraßenzentrums blicken, erscheint uns die Milchstraße infolge der zahlreicheren Sterne dichter und heller als im Winter, wo wir zum sternärmeren äußeren Rand der Milchstraße schauen.

Mond (Erdmond), der einzige natürliche Satellit der Erde. Er ist Hauptursache der Gezeiten. Halley unternahm ein 18jähriges Beobachtungsprogramm, um mit Hilfe der Mondpositionen die geographische Länge auf See bestimmen zu können.

Muttermoleküle. Man nimmt an, daß viele neutrale und ionisierte Atome und Moleküle, die man in der Koma und im Schweif eines Kometen spektroskopisch nachweisen kann, aus den Muttermolekülen Wasser (H_2O), Kohlendioxid (CO_2), Blausäure (HCN) und anderen Molekülen entstehen, die Kohlenstoff und Stickstoff enthalten.

Nebel, Bezeichnung für sämtliche Gas- und Staubwolken im interstellaren Raum. Sie senden diffuses Licht aus bzw. absorbieren das Licht der hinter ihnen liegenden Sterne. In einer Arbeit aus dem Jahre 1715 äußerte Halley eine relativ genaue Vermutung, was es mit derartigen Nebeln auf sich haben könnte. Gelegentlich werden auch die Spiralgalaxien als Spiralnebel oder, wenn man ihre Gestalt wegen der riesigen Entfernung nicht mehr ausmachen kann, nur als Nebel bezeichnet. Über die genaue chemische Zusammensetzung der Nebel in der Milchstraße geben spektroskopische Untersuchungen Auskunft.

Neptun, der achte Planet im Sonnensystem, der einmal in 165 Jahren zwischen der Uranus- und Plutobahn um die Sonne läuft. 1845 sagten der englische Mathematiker John C. Adams und der französische Astronom Urbain Leverrier aufgrund von Bahnunregelmäßigkeiten des Planeten Uranus die Anwesenheit eines unsichtbaren Himmelskörpers voraus. Der deutsche Astronom Johann Gottfried Galle entdeckte schließlich Neptun am 23. September 1846. Der Planet ist nur mit Teleskopen zu sehen.

Newtonsche Bewegungsgesetze, von dem eigentlichen Begründer der Himmelsmechanik, Isaac Newton, formuliert.
1. Ein Körper bleibt in Ruhe oder bewegt sich gleichförmig, wenn keine Kraft auf ihn einwirkt.
2. Wenn auf einen Körper eine Kraft einwirkt, wird er in Richtung der Kraft beschleunigt. Die Beschleunigung ist proportional zur Kraft und umgekehrt proportional zur Masse des Körpers.
3. Jede Wirkung hat eine entgegengesetzte Wirkung zur Folge.

Nichtgravitative Kräfte, Kräfte, die beispielsweise eine Kometenbahn anders als durch Gravitationseinwirkung ändern. Dazu gehören z. B. Rückstoßeffekte beim Abströmen von Materie aus dem Kometenkern.

Nova, ein Stern, der binnen weniger Stunden oder Tage infolge einer inneren Explosion plötzlich am Himmel aufleuchtet. Der anschließende Helligkeitsabfall dauert Monate oder Jahre, bei einer Supernova meist noch länger. In einer Arbeit, die 1715 erschien, beschäftigte sich Halley mit den Novae aufgrund von Untersuchungen, die bis in das Jahr 1550 zurückreichten.

Opposition. Ein Planet steht in »Opposition« zur Sonne, wenn er auf der Verbindungslinie Sonne–Erde–Planet der Sonne gegenübersteht. Die Bezeichnung Opposition trifft nur für die oberen Planeten Mars, Jupiter, Saturn, Uranus, Neptun und Pluto zu. Bei den unteren Planeten Venus und Merkur entstehen keine Oppositionen zur Sonne. In Opposition kommen die Planeten der Erde besonders nahe.

Parabel, U-förmige, offene Kurve, deren beide Arme parallel zueinander verlaufen und sich im Unendlichen treffen. Ein Komet, der auf einer Parabelbahn die Sonne umläuft, kehrt nie mehr zurück.

Parallaxe, die Positionsänderung eines relativ nahen Himmelskörpers, den man von zwei verschiedenen Stellen aus gegen einen weit entfernten und daher festen Hintergrund betrachtet. Als Hintergrund dienen meist die weit entfernten Sterne, vor denen sich die nahen Sterne, die man zu zwei verschiedenen Jahreszeiten von der Erde aus anpeilt, hin- und herbewegen. Aus dem gemessenen winzigkleinen Parallaxenwinkel kann man die Entfernung des jeweiligen Sternes berechnen.

Perihel, der sonnennächste Punkt eines Himmelskörpers, der die Sonne umläuft.

Planet, relativ großer Himmelskörper, der um einen Stern kreist und dessen Licht reflektiert. In unserem Sonnensystem ist dieser Stern die Sonne, um die alle neun bekannten größeren Planeten laufen.

Plasma, ein »heißes« Gas aus positiven und negativen Ionen.

Plasmaschweif, anderer Name für einen → Ionenschweif.

Pluto, der äußerste Planet im Sonnensystem, der jenseits der Neptunbahn in rund 248 Jahren einmal um die Sonne läuft. Infolge seiner stark elliptischen Bahn ist Pluto im Perihel weniger weit von der Sonne entfernt als Neptun. Wegen der starken Bahnneigung von Pluto gibt es aber keine räumlichen Schnittpunkte zwischen der Neptun- und Plutobahn. Plutos nächster Periheldurchgang findet 1989 statt.

Pluto wurde als letzter Planet erst 1930 entdeckt. Da er knapp 40 Astronomische Einheiten von der Sonne entfernt ist, läßt er sich nur schwer erforschen. Da er sehr klein ist, könnte er auch ein entlaufener Mond des Neptun sein.

Polaris, der Nord- oder Polarstern. Er markiert ungefähr die Nordrichtung.

Polarlicht, Leuchterscheinung in der irdischen Hochatmosphäre, die besonders häufig in der Nähe der magnetischen Erdpole auftritt. Das Phänomen entsteht infolge der Wechselwirkung von elektrisch geladenen solaren Teilchen mit den Sauerstoff- und Stickstoffatomen in der Erdatmosphäre.

Äußerst selten sind Polarlichter auch in weniger hohen geographischen Breiten zu sehen. 1716 veröffentlichte Halley zwei Arbeiten über Polarlichter, mit denen er die damaligen Theorien wissenschaftlich vorantrieb.

Ptolemäisches System, bis ins Mittelalter dominierendes Weltbild, dem zufolge die Erde im Mittelpunkt des Universums steht; um sie herum kreisen, angeheftet an feste, durchsichtige Kristallsphären, Mond, Merkur, Venus, Sonne, Mars, Jupiter und Saturn. Jenseits des Saturns dachte man sich die Fixstern(Kristall)sphäre. Sonne, Mond und Planeten bewegen sich in diesem Weltbild auf perfekten Kreisbahnen. (Die alten Griechen sahen den Kreis als eine ästhetisch perfekte Figur an.) Um aber die komplizierten Bahnbewegungen der Planeten zu verstehen, besonders die zeitweilige Rückläufigkeit, mußte man ein kompliziertes System aus Epizykeln und Deferenten einführen. Damit konnte man die Planetenbewegungen zumindest mathematisch erklären. Kopernikus und Kepler zeigten dann, daß dieses Weltbild falsch ist. Kopernikus setzte anstelle der Erde die Sonne in den Mittelpunkt, und Kepler bewies, daß sich die Planeten auf Ellipsenbahnen und nicht auf Kreisbahnen um sie bewegen.

Quadrant, ein Instrument zur Bestimmung der Höhe der Gestirne über dem Horizont. Es besteht typischerweise aus einem Teilkreis, auf dem man Winkel bis zu 90 Grad ablesen kann, und einem schwenkbaren Stab mit einer aufgesetzten Visiereinrichtung.

Radiusvektor, eine gedachte gerade Linie zwischen der Sonne und der jeweiligen Position von Planeten oder Kometen, welche die Sonne umlaufen.

Raumsonde, unbemanntes Raumfahrzeug, das astronomische Informationen z. B. über die Oberfläche und Atmosphäre eines Planeten sammeln soll.

Rektaszension, die Winkeldistanz zwischen dem Frühlingspunkt und einem bestimmten Punkt auf dem Himmelsäquator. Der Frühlingspunkt ist der Schnittpunkt zwischen Ekliptik und Himmelsäquator, in dem die Sonne am 21. März steht. Die Rektaszension wird vom Frühlingspunkt aus in östlicher Richtung in Stunden, Minuten und Sekunden gemessen. 15° entsprechen dabei einer Zeitstunde. Die Rektaszension eines Gestirns läßt sich mit der geographischen Länge eines Punktes auf der Erdoberfläche vergleichen.

Saroszyklus. Schon den Babyloniern war bekannt, daß alle 18 Jahre und elf Tage fast gleichartige Sonnen- und Mondfinsternisse auftreten. Ein solcher Zyklus heißt Saroszyklus und dauert 223 synodische Monate. Halley begann, den Mond während eines vollständigen Saroszyklus zu beobachten, um mit Hilfe der exakten Mondpositionen die geographische Breite auf See bestimmen zu können.

Satellit, ein künstlicher oder natürlicher Körper, der einen größeren Körper umkreist. Der Mond z. B. ist ein natürlicher Satellit der Erde.

Saturn, der sechste Planet im Sonnensystem, der zwischen Jupiter und Uranus in 29,5 Jahren einmal um die Sonne läuft. Saturn ist wegen seines Ringsystems bekannt, das aus winzigen Eis- und Staubteilchen besteht, die den Planeten umkreisen. Saturn ist der zweitgrößte Planet im Sonnensystem und besitzt mindestens 21 Monde. Titan ist der größte davon und besitzt als einziger Mond im Sonnensystem zudem noch eine dichte Atmosphäre. Das starke Schwerefeld Saturns kann leicht Kometen auf ihrer Bahn beeinflussen.

Schmutziger Schneeball, ein Begriff, den der amerikanische Astronom Fred Lawrence Whipple vorschlug, um den Aufbau eines Kometen treffend zu beschreiben. Danach besteht der feste Kometenkern überwiegend aus gefrorenen Gasen und winzigen Staubteilchen und hat selber einen Durchmesser von nur wenigen Kilometern (→ Fliegende Sandbank).

Schweif, äußerer Teil eines Kometen, der aus Gas und Staubteilchen besteht, die von der Koma abströmen. Ein Kometenschweif ist bis zu 100 Millionen Kilometer lang und 100 000 bis mehr als eine Million Kilometer breit, doch nicht alle Kometen besitzen einen ausgeprägten Schweif. Der Ionenschweif weist infolge der Wechselwirkung mit dem Sonnenwind stets von der Sonne weg.

Selbstleuchtend sind Körper wie die Sonne oder Sterne, die Strahlung aussenden. Die Planeten und Monde sind nicht selbstleuchtend.

Sextant, ein Meßinstrument, das aus einem kleinen Fernrohr, einem 60°-Teilkreis und zwei Spiegeln besteht, wovon einer beweglich ist. Sextanten werden vor allem in der Schiffahrt benutzt, um die Höhe eines bestimmten Himmelskörpers über dem Horizont zu bestimmen.

Sonne, der Stern im Mittelpunkt unseres Sonnensystems. Die Sonne umlaufen die neun Planeten, die Kometen, die Meteoroide und Asteroiden.

Sonnenflecken, relativ kühle, dunkle Flecken auf der Sonnenoberfläche, die man gewöhnlich nur mit Hilfe eines Fernrohrs beobachten kann. Ein Sonnenfleck kann so groß wie die ganze Erde (oder noch größer) sein und besitzt ein starkes Magnetfeld. Als Halley 1676 in Oxford studierte, beobachtete er auch Sonnenflekken und veröffentlichte dies in den *Philosophical Transactions* der »Royal Society«.

Sonnensystem (Planetensystem), in erster Linie die Sonne und ihre neun großen Planeten Merkur, Venus, Erde, Mars, Jupiter, Saturn, Uranus, Neptun und Pluto nebst deren Monden. Außerdem zählen auch die Kometen, Asteroiden und Meteoroiden, die alle die Sonne umlaufen, zum Sonnensystem.

Sonnenwind, ständiger Strom von atomaren Teilchen, die mit großer Geschwindigkeit (bis zu 800 km/sec) von der Sonnenoberfläche ins Sonnensystem geschleudert werden. Infolge der Wechselwirkung mit dem Sonnenwind weisen Kometenschweife immer von der Sonne weg.

Spektroskopie, ein klassischer Zweig der Physik und Astronomie. Hierbei wird das Licht einer bestimmten Strahlungsquelle in die einzelnen Wellenlängen zu einem Spektrum aufgespalten, das dann näher untersucht wird. Unter anderem erforscht man mit Hilfe des Spektrums der Sterne die chemische Zusammensetzung, die Rotation, das Magnetfeld und die Oberflächentemperatur.

Spektrum, die Aufspaltung des Lichts in seine verschiedenen Farben oder Wellenlängen. Schickt man weißes Licht durch ein Prisma, wird es in seine Farbkomponenten aufgespalten. Zu sehen ist dann auf einem Schirm ein Spektrum, das von Ultraviolett bis Rot reicht. Allgemein unterscheidet man zwischen Emissions- und Absorptionsspektren.

Staubschweif, feste Staubteilchen, die infolge des solaren Strahlungsdrucks vom Kern eines Kometen mitgerissen werden und sich zu einem Staubschweif formen. Weil das Sonnenlicht an den Staubteilchen gestreut wird, ist der Schweif für uns sichtbar.

Steady-State-Theorie, eine kosmologische Theorie, der zufolge das Universum seit Ewigkeit existiert und in Zeit und Raum unbegrenzt ist. Wenn die Galaxien infolge der Expansion des Weltalls auseinanderdriften, entstehen neue Galaxien, so daß die mittlere Dichte des Universums insgesamt konstant bleibt. Von 1948 bis 1965 stand diese Theorie fast gleichwertig neben der Urknalltheorie. Seit der Entdeckung der kosmischen Hintergrundstrahlung, die ein Beweis für den Urknall ist, gilt die Steady-State-Theorie weitestgehend als überholt.

Stern, ein selbstleuchtender Himmelskörper, der überwiegend aus Wasserstoff und Helium besteht. Im Innern eines Sterns laufen Kernfusionsprozesse ab, die den Stern am »Leben« halten und die Energie für Licht und Wärme bereitstellen. Unsere Sonne ist ein Stern.

Sternbild, eine Ansammlung meist heller Sterne, die sich zu einem Bild anordnen lassen. Zwei sehr bekannte Sternbilder des Nordhimmels sind der Große Bär (Ursa major), dessen innere Sterne auch als der Große Wagen bekannt sind, und das W-förmige Sternbild Cassiopeia. Offiziell kennt man heute am gesamten Himmel 88 Sternbilder, wovon 48 schon von Ptolemäus im 2. Jahrhundert n. Chr. aufgeführt wurden.

Sternschnuppe, volkstümlicher Name für einen → Meteor.

Störung (Pertubation). Wenn ein kleiner Himmelskörper wie ein Komet oder Asteroid in die Nähe eines massereichen Himmelskörpers, zum Beispiel in die Nähe des Riesenplaneten Jupiter, gerät, kann seine Bahn infolge des Gravitationsfeldes des Planeten gestört und verändert werden. Bei Störungsrechnungen der Kometenbahnen muß man vornehmlich die beiden Planeten Jupiter und Saturn berücksichtigen.

Strahlungsdruck. Elektromagnetische Strahlung (z. B. Licht, Infrarot-, Röntgen-, Radio-, Ultraviolettstrahlung etc.) besitzt die Eigenschaft, einen Impuls übertragen zu können. Dadurch werden Stoffe von der Strahlungsquelle weggedrückt, wie beispielsweise die Staubteilchen eines Kometen von der Sonne.

Streifen, schmale, geradlinige Strukturen, die mitunter im Staubschweif eines Kometen zu sehen sind. Sie bestehen aus Teilchen, die zur gleichen Zeit vom Kern abgegeben werden und später in Bruchstücke zerfallen.

Streuung. Kleine Teilchen von etwa 1 Mikrometer bis $\frac{1}{10}$ Millimeter Größe haben die Eigenschaft, Licht nicht nur einfach zu reflektieren und Schatten zu werfen, sondern das Licht in alle Richtungen zu streuen. Mitunter ist das vorwärtsgestreute Licht, wo man eigentlich einen Schatten erwarten würde, heller als das rückwärtsgestreute, reflektierte Licht.

Sublimation, Zustandsänderung von fest nach gasförmig, ohne die Flüssigphase zu durchlaufen.

Supernova, ein massereicher Stern, dessen Leuchtkraft binnen weniger Sekunden um das Hundertmillionenfache ansteigt. Physikalisch gesehen steigt die Leuchtkraft so rapide an, weil der Kern implodiert und dadurch eine nach außen wandernde Schockwelle die äußeren Sternschichten zur Explosion bringt.

Synchronen, Linien, auf denen sich Teilchen befinden, die gleichzeitig vom Kometenkern abgegeben wurden. Mitunter sind sie im Staubschweif als gerade oder leicht gekrümmte Strukturen zu sehen.

Syndynamen, Linien gleicher Beschleunigung im Staubschweif, die Teilchen gleicher Massen enthalten.

Universum (All, Weltall, Welt, Kosmos), die Gesamtheit sämtlicher Energieformen, wozu auch die Materie zählt. Insgesamt enthält das Universum rund 1000 Milliarden Galaxien zu je 100 Milliarden Sternen von Sonnengröße bzw. -masse.

Uranus, der siebte Planet im Sonnensystem von der Sonne aus. Uranus benötigt für einen Bahnumlauf 84 Jahre. Er wurde 1781 jenseits der Saturnbahn von Wilhelm Herschel entdeckt. Da seine Bahn Unregelmäßigkeiten aufweist, schloß man auf einen weiteren Planeten im Sonnensystem, Neptun. Uranus besitzt fünf Monde, die ihn in der Äquatorebene umlaufen, sowie ein Ringsystem.

Urknalltheorie, die gegenwärtig anerkannteste Theorie zur Entstehung des Kosmos, der zufolge sich das Universum vor etwa 20 Milliarden Jahren von einem winzigen Punkt aus bis auf die heutige Größe ausgedehnt haben soll.

Venus, der zweite Planet im Sonnensystem, umrundet die Sonne einmal in 225 Tagen zwischen Merkur und Erde. Seine Oberfläche ist heiß und felsig. Infolge einer dichten Atmosphäre können wir nie auf seine Oberfläche blicken. 1679 wies Halley darauf hin, daß ein Venusdurchgang geeignet ist, um die Entfernung Erde–Sonne, die Astronomische Einheit, zu bestimmen.

Wasserstoffhülle, gigantische Wolke aus atomarem Wasserstoff, die den Kometenkopf umgibt und nur im ultravioletten Licht zu sehen ist.

Zodiakallicht, eine Leuchterscheinung am Himmel, die durch die Streuung des Sonnenlichtes an interplanetaren Staubteilchen verursacht wird. Am hellsten erscheint das Zodiakallicht in der Nähe der Sonne und entlang der Ekliptik. Besonders gut ist es in den Tropen nach Sonnenuntergang oder vor Sonnenaufgang zu sehen. Dann ist über der Stelle sichtbar, wo die Ekliptik den Horizont schneidet, ein pyramidenförmiger Lichtschein, der fast symmetrisch zur Ekliptik angeordnet ist. Dieser Lichtschein ist mit dem Gegenschein durch eine sog. Lichtbrücke verbunden, so daß es sich bei dem Zodiakallicht um ein geschlossenes Phänomen längs der Ekliptik handelt. Gegenschein und Lichtbrücke sind wegen ihrer geringen Helligkeit nur bei extrem guten Sichtbedingungen zu erkennen.

Weiterführende Literatur

Allgemeine astronomische Einführungsliteratur und Nachschlagewerke

Beatty, F.K. u.a.: *Die Sonne und ihre Planeten. Weltraumforschung in einer neuen Dimension*. Weinheim: Physik-Verlag 1983.

Cambridge Enzyklopädie der Astronomie. München: Mosaik 1980.

dtv-Atlas zur Astronomie. München, dtv [8]1985.

Herrmann, Joachim: *Großes Lexikon der Astronomie*. München: Mosaik [2]1982.

Meyers Handbuch Weltall. Mannheim: Bibliographisches Institut [6]1984.

Moore, Patrick/Zimmer, Harro: *Guinness-Buch der Sterne*. Berlin: Ullstein 1985.

Neuere Literatur über Kometen

Allgeier, Kurt: *Der Halleysche Komet*. München: Heyne 1985.

Calder, Nigel: *Das Geheimnis der Kometen. Wahn und Wirklichkeit*. Frankfurt a.M.: Umschau 1981.

Froböse, Rolf: *Der Halleysche Komet*. Thun (Schweiz)/Frankfurt a.M.: Harri Deutsch 1985.

Griesser, Markus: *Die Kometen im Spiegel der Zeiten*. Ostfildern: Hallwag 1985.

Hahn, Herrmann-Michael: *Zwischen den Planeten. Kometen, Asteroiden, Meteorite*. Stuttgart: Franckh/Kosmos 1984.

Marx, A.: *Kometen – Meteore – interplanetarer Staub*. Jena 1983.

Rétyi, Andreas: *Halley. Kometen-Brevier für jedermann*. Stuttgart: Franckh/Kosmos 1985.

Sagan, Carl/Druyan, Ann: *Der Komet*. München: Droemer Knaur 1985.

Tammann, Andreas/Véron, Philippe: *Halleys Komet. Begegnung 1986*. Therwil (Schweiz): Birkhäuser 1985.

Wurm, K.: *Die Kometen*. Berlin/Göttingen/Heidelberg: Springer 1954.

Sonstiges

Halley-Kometen-Zirkular (erscheint monatlich; zu beziehen durch die ALB-Ge-
schäftsstelle, Danziger Str. 4, 7928 Giengen/Brenz)

Komet Halley Beobachtungshilfen (zu beziehen von der Wilhelm-Foerster-Stern-
warte, Munsterdamm 90, 1000 Berlin/W. 41).

Kosmos. Naturkundliche Monatsschrift (ab Herbst 1985 regelmäßige Hinweise
und Karten zum Auffinden des Halleyschen Kometen).

Sterne und Weltraum. Astronomische Monatsschrift (1985/86 mit ständiger
Rubrik »Komet Halley«).

Register

203

Bildquellen

Agentstwo Petschati Nowosti (9), BBC Hulton Picture Library (19, 21, 22, 27, 28, 29, 31), British Aerospace Dynamics Group (4, 5, 6, 7, 8, 11), Illustrated London News (40, 47), Dr. Vehrenberg KG Düsseldorf (10), Volkssternwarte Reckling-hausen (16, 17, 18, 24, 25).

Alle anderen Abbildungen stammen aus dem Archiv der »Halley's Comet Society«.